La technologie une et multiple

Questions contemporaines

Collection dirigée par Jean-Paul Chagnollaud,
Bruno Péquignot et Xavier Richet

Chômage, exclusion, globalisation… Jamais les « questions contemporaines » n'ont été aussi nombreuses et aussi complexes à appréhender. Le pari de la collection « Questions contemporaines » est d'offrir un espace de réflexion et de débat à tous ceux, chercheurs, militants ou praticiens, qui osent penser autrement, exprimer des idées neuves et ouvrir de nouvelles pistes à la réflexion collective.

Dernières parutions

Philippe JOURDAIN, *Gilets jaunes, Mai 68*, 2020.
Michel ADAM, *Composer avec la nature. Renaturation et géocitoyenneté*, 2020.
Jacques BEAUCHARD, *Le peuple contre le peuple. Démocratie et Gilets jaunes*, 2020.
Pierre MORLANNE, *Pour en finir avec les religions*, 2020.
Louise FINES, *Enfants au travail : le paradoxe de la nécessité et du choix*, 2020.
Abdelbaki BELFAKIH, Abdelkader GONEGAÏ, Bruno PEQUIGNOT (dir.), *Art, individu et société*, 2020.
Alain REDSLOB, *Évidences économiques d'hier et d'aujourd'hui. Pensées, innovations, mutations*, 2020.
Simon-Pierre THIERY, *Le regain des campagnes. Les ruraux et leurs collectivités locales*, 2020.
Matthieu LABBÉ-ZERILLI, *Manuel de survie d'un universaliste*, 2020.
Laure MANICOM, *Manières de penser les crises*, 2020.
François TESTARD, *Le non-recours au RSA chez les seniors,* 2019.
Jean-Paul GUICHARD, *Du tsarisme au totalitarisme*, 2019.
Ndache DJAVETY, *Ethnorelégation et mahorité : l'intégration pathologique d'une minorité*, 2019.
Gilbert JOB, *Pour une idéologie centriste, La Qualité humaine,* 2019.

Sous la direction de
Mohamad Salhab, Jean-Claude Beaune
et Odette Barbero

La technologie une et multiple

Réflexions libanaises et françaises

L'Harmattan

5-7, rue de l'École-Polytechnique ; 75005 Paris

http://www.editions-harmattan.fr

ISBN : 978-2-343-19929-0

EAN : 9782343199290

À la mémoire de Jean Gayon

Sommaire

TECHNOLOGIES DÉMOCRATIQUES

Avant-propos

La science, la technique et la technologie ne sont jamais innocentes. Quand Thomas Young s'installe comme médecin à Londres en 1800, il était atteint d'un astigmatisme qui le rendait sensible aux corrections de la vue par les lunettes inventées par les artisans italiens du XVIIe siècle. Il rencontra peu de succès à Londres, mais cultiva ses dons pour la recherche. Il mit en place en 1802 un dispositif technique capable d'observer la trajectoire d'un rayon lumineux qu'il faisait passer par deux fentes très minces. Il put ainsi montrer, contre Newton tenant de la perspective corpusculaire, la nature ondulatoire de la lumière et transmit à la physique moderne un problème, celui de la non-séparabilité des éléments de l'atome, sur lequel les chercheurs contemporains continuent de travailler. L'exemple de Young montre aussi à quel point la science, l'art et la technologie nous sont inséparables. Ils n'ont jamais cessé d'interroger la nature humaine qu'en réalité ils produisent et mettent en scène.

De nos jours, l'Intelligence artificielle (I.A.) se propose non de remplacer le cerveau de l'homme mais de prendre sa propre autonomie, quitte à le défier, le surpasser. Ainsi est-elle liée à toutes les expressions de la haute technologie (high-tech). Daniel Crevier retrace l'histoire des machines qui ont, par exemple, battu dans les années 1990, Boris Kasparov, champion du monde des Échecs. Et les applications de l'I.A. sont nombreuses et immenses, depuis des véhicules à conduite automatique jusqu'aux applications guerrières, médicales, domestiques,

Certains savants et même de nombreux utilisateurs s'en inquiètent pour notre avenir bientôt concurrencé par une nouvelle race d'automates. Car il suffit de donner aux programmes un corps, un mental pour que de nouveaux robots ou réseaux de communication s'installent dans le monde de la décision et de l'action, de la morale et de l'éthique. Mais quel serait le responsable ? Le mythe de référence est « antique » : le Cheval de Troie d'Homère qui cachait les guerriers dans son ventre nous est sans doute moins terrifiant que le Golem de Capek au XXe siècle, robot et homme de la nuit.

Or, si selon Aristote l'art imite la nature, Al Fârâbî se réclamait d'une posture inverse ; pour lui, la nature imitait l'art, ce qui induisait une démarche expérimentale. En fait, les Grecs étaient plus optimistes que nous et leur « technologie » plus positive. Aristote parle dans son *Éthique* de machines propres à soulager le travail des hommes, c'est ce qui nous interroge en l'ensemble de notre « anthropologie ». François Dagognet, Président d'honneur de notre université voulait, dans l'ensemble de son œuvre, connaître le monde de l'esprit et du sujet par l'analyse de ses réalisations et de ses objets, de son histoire également.

Son exemple ainsi que l'ensemble du travail pédagogique et culturel mené en notre Université nous invite à prolonger son défi de manière positive et critique. C'est le sens et la fonction de ce Colloque qui porte sur la « technologie ».

Je remercie le Pr Beaune d'avoir dirigé nos travaux et le Pr Barbero de l'avoir accompagné.

M. Sahlab

PERSPECTIVES TECHNOLOGIQUES

La technologie critique

Jean-Claude Beaune

Présentation du texte

Cet article, par le biais du terme « technologie », conduit à une interrogation qui fut et reste celle du Président Mohamad Salhab menée au Liban depuis vingt-deux ans, qui ne l'a pas seulement traitée en enseignements mais inscrite dans une « culture sociale libanaise » et reliée à des manifestations culturelles françaises et internationales. L'enseignement, la recherche, les relations positives constituent donc le triangle essentiel de cette entreprise. Je pense que s'il faut une entrée dans cet ensemble technologique, c'est l'« école » sous ses diverses formes mais toujours fondée sur la connaissance et le travail qui nous fournit ici un modèle technique donc scientifique de la « technologie ». Une analyse réaliste aussi de ses bienfaits et de ses limites. La « technologie » n'est pas tombée du ciel, sa genèse fut modeste, complexe et polémique par manque de véritable enracinement historique, réaliste, culturel et philosophique en particulier dans un pays qui subit trop de conflits de tout genre. Exploiter ce manque pour en faire un *langage* est donc indispensable si nous voulons amorcer le débat. Donc, nous avons décidé de clarifier quelque peu ce concept qui, à mon avis, semble à notre grand regret nous échapper globalement chaque jour davantage. Nous voulons définir quelques perspectives qui le font parler pour nous et nous font jeter sur lui des lueurs concrètes, scientifiques, appliquées, mais aussi culturelles et originales. Nous voulons dans cet article mentionner quelques-unes de ces recherches correspondant évidemment à des « états de faits » actuels et d'autres qui peuvent sembler archaïques. Mais si la technologie constitue un domaine plein de promesses, il nous faut l'analyser, la définir, la provoquer, ne pas oublier son histoire et évaluer pour elle quelque avenir contingent. L'intention même disproportionnée vaut la peine d'être essayée. Je pense que si certaines définitions suggèrent certain désordre, celui-ci est un « obstacle épistémologique » qui engage une hypothèse « dialectique » de l'« abstrait-concret » (termes que l'on doit à Bachelard dont l'œuvre fut analysée dans un précédent Colloque). Du coup, on réalise qu'à ces « techno-technologies » il manque un *langage, une syntaxe et une sémantique* pour clarifier un projet que nous voulons envisager ici non comme un strict idéal mais comme une traduction même de manière limitée du sens le plus pertinent qui passe « à travers nous » quand la « technologie » n'est plus ni un ennemi, ni un ami fervent mais un monde fidèle à son sens le plus étymologique premier : « *techno-logie* ou discours sur des techniques ». L'Université libano-française est ainsi pour nous le point fixe de cet ensemble et induit, selon quelques degrés de connaissance et d'expériences, un schéma qui assume de nombreuses informations, de la curiosité, de la science formelle, de l'application pratique, de l'invention permanente, de l'histoire et de la symbolique des mouvements et des machines, de leur contexte socio-économique et numérique. Ce qui conduit à, une « percée » dans ce qui nous apparaît simplement comme un « fait théorique et pratique ambigu » qui fonctionne trop rapidement à la fois comme un phénomène angoissant et une source de bienfaits, des jeux d'évaluation, de diffusion jusque dans l'opinion publique. Cet avis peut être en grande partie rapporté à une forme plus claire et distincte si nous prenons la distance scientifique nécessaire pour l'envisager sans la réduire et si nous acceptons de ne pas négliger la genèse, la structure, la socialité et la symbolique de la technologie. Le mot n'est pas qu'une définition mais il impose une méthode. C'est le « comment » qui l'emporte généralement sur le « pourquoi ». Cette version de la technologie est censée humaniser et synthétiser les techniques et maîtriser également leur cohérence, ce qui est loin d'aller de soi si on en reste aux « lieux communs » et à l'ésotérisme exagéré du concept. Je veux amorcer ici de manière *critique* le sens et les implications de la Technologie, je veux l'appréhender de manière scientifique, philosophique, anthropologique, sémantique et relativiste qui nous parle de manière nécessairement plurale mais fidèle à un meilleur sens de sa réalité.

Le mot en son sens premier

Le terme « technologie », est un mot qui apparaît au début du XIXe siècle, en l'an 1803 selon *Le Robert* qui le définit comme une « théorie générale et spécialisée des outils, machines, procédés », tout en mentionnant la technique de pointe et la techno-biologie, tandis que le *Littré* en 1877 en fait une « explication des termes propres à ceux des différents arts et métiers ». Il paraît, selon des sources sérieuses, que sur 7 milliards d'individus que compte notre planète, 5 milliards sont connectés à l'informatique et s'y référer, c'est presque toujours se référer à *La technologie* devenue un terme affecté d'une qualité à la fois « substantielle et ambigüe », il est devenu l'une des meilleures images pour notre humanité bavarde, la technologie du genre est un cirrus filamenteux qui devient cumulus quand on l'objective selon un registre mieux défini. Pourtant, il ne faut pas être oublieux : le rapport au mot *travail* n'est pas innocent et il faut sans défaillance le garder à l'esprit. La liste de ses désignations est aujourd'hui immense, on y engloutit des techniques de pointe, la biotechnologie, la high-tech, l'intelligence artificielle, la robotique, la publicité calculée, les chirurgies et thérapies du détail, les cohérences indispensables, les évolutions des groupes et des peuples, le jugement porté sur eux, les diverses communications et les consommations programmées, les images d'écran, les jeux vidéo, des Amazon disponibles comme la Poste, des Google qui nous feront, paraît-il, un dictionnaire absolu, les Facebook voyeuristes, les fake news mensongères, les guerres endémiques, le commerce d'armes, de remèdes et de drogues, ceux de femmes et d'enfants errants ou même de travailleurs intérimaires sous-payés. On discerne donc un autre sens contemporain : la technologie en ce genre implique un *marché*, souvent gigantesque et globalement mondialiste. Nos exaltations externes et internalistes ne peuvent pas plus se passer du manque originel que l'Eldorado car notre dette et l'intérêt des prêts recouvrent toutes les dimensions de notre existence. Même souvent symboliques, ces mécanismes reviennent à des *faits* dont je parle mais avec quelque recul : un fait, dans ce chaos, en son histoire récurrente, n'est souvent qu'un *mot* et le concept de « technologie » n'échappe pas à son miroir sans tain. Celui-ci devient synonyme d'une recherche bien outillée, de conditions économiques virtuelles, d'une méthode scientifique sinon la science elle-même et ses formalismes, ses statistiques en un usage correct du numérique, du virtuel, du langage codifié, de la modélisation, donc d'un état du langage. Le mot « technologie » peut prendre alors dans l'opinion publique une qualification de supériorité d'un savoir qui associe le travail d'analyse, de classification, de découverte, de modélisation, de subtilité du détail à une nouvelle mode. Et à une « archéologie », au sens de Foucault, qui s'inscrit dans le sens du temps vécu qu'on déchiffre pour comprendre nos propres facticités. Il y eut des âges où ce qu'on nommait les « pratiques mécanistes » était par loi et coutume opposées aux arts libéraux de lettrés scolarques. Avant l'industrie de l'énergétique, il y eut des artisans, des compagnons, des manufacturiers, en particulier dans le textile, par lesquels se forgea, par exemple, dans des mines d'avant la lampe Davy mais pas du galibot de 14 ans, cet homme de la technique « sans technologie » tandis que « Grand scientifique de l'innovation et de l'expansion » préparait les modifications capitales de notre monde. Qu'il n'y ait pas au moins de manière étymologique une *technologie* dans son histoire de l'Occident oublie ces temps et ces faits – mais toute histoire est d'abord un oubli – qui n'est qu'une infra-technologie, une gestuelle répétitive supportant certain analphabétisme dont le travail à la chaîne n'a guère besoin. On peut savoir travailler et lire et être analphabète de soi, ce fait élabore nombre d'existences. Le temps ronge ce monde de la pauvre technologie qui reste pourtant un bloc de matière des objets et des hommes, a gagné ainsi un langage approximatif de mots usuels et de silence.

À peine posée comme science, l'ancienne « technologie » traduite en son contexte industriel, dans les décennies suivantes jusqu'aux nôtres se vit hantée par un « mythe et accélération du progrès », les deux notions fondamentales d'Auguste Comte, elle définit des modèles performants de la recherche, évolua selon une profusion d'informations et de réseaux, elle nous assura d'une meilleure communication et de conforts spécifiques : tout est bon pour cette « technologie » pragmatique qui suggère une alternance de machines à laver et de bombes chimiques, elle nous programme et nous *infantilise* et on ne sait pas trop ce qu'elle veut dire si nous sommes des citoyens « moyens ». Car chez nous, sauf pour les techniciens de qualité, cet enseignement des machines et machineries passe trop à côté de nos têtes mais pas toujours de nos mains. Mais nous pouvons aussi, en infra-techniciens, devenir des praticiens en nos diverses guerres programmées, non pas tant des vaincus que des anonymes. La technologie est dans ce cas une arme également mondialiste car, son histoire le prouve, par défaut ou par excès, elle conduit depuis longtemps notre force à l'ignorance : Spinoza dit que sans savoir, tout pouvoir se dégrade, sa légitimité disparaît. Pour moi, un mot-clé, comme la « technologie ainsi pratiquée » (comme celui de démocratie ou d'égalité) est devenue une entité-vidéo, quelque chose à quoi l'on s'accroche dans son vocabulaire comme à un mot-croisé sans solution. Dans un très vieux livre, je l'avais définie comme « introuvable ». Par ce mot, à mon avis, on lui fait dire par ce terme ce que l'on veut, comme à un infalsifiable de Popper, c'est un mot qui en son usage résiste sans doute à un sens précis par absence ou ignorance. On en trouve des rudiments à tous les niveaux, dans toutes les classes ouvrières, dans un matériel paysan très sobre, dans toutes les inventivités industrielles et des intentions souvent mal équipées ou endettées, dans tous les artisanats de récupération depuis longtemps, comme le sont aussi les créateurs quelque peu dilettantes du XIXe siècle ou les meilleurs prospecteurs des communications secrètes et concurrentes dans des lieux introvertis par la jurisprudence de la machine à gagner et payer. Ces stratégies sont de nos jours quasi universelles et fonctionnent selon des monstres financiers dignes d'Apple, Microsoft, Google, Amazon qui livrent ce qu'on veut dans la journée et où les conditions de travail de l'ouvrier intérimaire et sans contrat rappellent l'ancien servage. L'« ordre productif très technique et accéléré » est associé à sa qualité marchande qui est pour nous souvent première mais dépend de grands « groupes de distribution » qui allient le progrès des produits en un immense commerce ciblé concernant, par exemple, les grands laboratoires pharmaceutiques, l'industrie de l'armement, le marché de la drogue, les bénéfices de l'immobilier, les propriétaires du sport, les investissements étatiques à la mode américaine, ainsi de suite. L'accès à un marché secret de la privatisation hyperbolique de l'argent fabrique des bénéfices somptueux mais connaît aussi des crises qui se répercutent sur la classe moyenne et les petites entreprises, souvent sur les agriculteurs traditionnels. La conquête des masses en échec va dans le sens du nationalisme et du populisme par l'action des « little brothers » aux dents longues – la réalité de cet appareil humain quelque peu mortifère n'est pas aujourd'hui une nouveauté, le phénomène existe depuis l'Antiquité mais c'est son *ampleur, sa puissance, son cynisme* qui sont nouveaux, également son exploitation des cultures souvent aliénées, enfin la conscience *d'une fragilité* de la civilisation occidentale qui s'est vue pendant des siècles comme la seule possibilité en ce monde, donc moralement triomphante et du coup acceptable par chacun de nous en toutes ses misères et ses colonisations. On assiste aujourd'hui normalement à un effet de retour de cette croyance souvent tacite sur notre privilège qu'on croyait indestructible, d'où une hantise qui se propage et nous affecte de l'intérieur, nous angoisse, c'est aussi une dialectique du mondialisme qui, d'une part, participe au progrès répandu un peu partout dans de nombreux domaines mais qui, réciproquement, nous recroqueville en nos extrêmes droites qui cherchent de manière providentialiste à poursuivre un dogme déjà dépassé, qui ont peur des immigrants comme autrefois de la peste, qui donnent aux inégalités bancaires un écart de plus en plus accentué. Entre le roi éponyme et le peuple qui se soumet et parfois s'indigne de sa pauvreté et du chômage, il faut pour le pouvoir même « démocratique », encore un infalsifiable, éliminer les intermédiaires sociaux de survie, réduire les services publics comme l'hôpital, l'école, les droits sociaux, donc la classe moyenne et mi-moyenne – celle qui fait des élections dont il ne reste que les programmes mensongers et les corruptions jusqu'à des monothéismes de l'auto-proclamation. Cette rapide analyse « géopolitique » peut sembler trop pessimiste : évidemment, si elle se veut thématique et schématique, elle s'applique à certain état et développement de la « technologie », à son excès et son défaut, elle est une notion à tentacules, une polyvalence sémantique, elle s'introduit dans le « quart-monde » où elle n'est qu'un écho mais peut devenir un nouvel esclavage. Il y a comme un facteur épidémiologique-social dans les conditions de vie, de pensée et d'activité qu'elle induit et détourne.

Il faut donc prendre cette « technologie » de manière « sociologique », par « le bas » car le concept de « technologie », ne serait-ce que par aspiration symbolique, vise plus haut dans notre sphère de vie et de travail où *les techniques bien plus lucides* demeurent obligatoires à la survie même, parfois rudimentaires ; la « révolution industrielle au travail ouvrier » peut subir l'image d'un retour en arrière. On ne doit pas oublier ce « silence de notre hypocrisie » quand un peuple livré à sa propre misère est d'abord privé de médicaments, et ce n'est pas une métaphore, il peut être en nos gratte-ciels des faits sociaux très authentiques, privé de nourriture et d'eau, condition initiale de la *survie* – alors que deux milliards d'hommes n'ont pas d'eau potable à leur disposition, ce qui peut même donner lieu à un fructueux commerce. Toute thérapie a un prix, a fortiori chez nous, grands sécuritaires anxieux de la santé de leur capital et de leur longue vie : le remède et les soins complexes sont souvent relatifs à la fortune tandis que nombre d'impératifs hygiéniques nous entourent de leur enveloppe de violente autocensure et ce nouveau marché parallèle est loin de déplaire à nos dominants et nos grands patrons. Il est vrai que « la technologie » adhère à ces placebos. Modérons pourtant ce discours ; la Technologie n'est surtout pas Le Mal, le Satan mais elle pourrait trouver pour se dire et s'exercer nombre de disciplines et conduites humaines plus simples par un savoir mieux distribué : formations, enseignements, relativité, fonctionnalité, habileté, encore des faits à notre portée réelle et dont la diffusion reste bien trop restreinte. En mesurant les grandes difficultés dues à une volonté de meilleure analyse et compréhension, la technologie n'est pas un mystère ni un dogme, ni une valeur, c'est d'abord une recherche.

Éléments d'histoire

Rien ne vient de rien. L'articulation de notre « technologie » à l'« histoire des techniques » nous interroge donc de manière vécue par notre histoire « industrielle », dont en France l'épisode de la fermeture des mines et usines vers 1980 fut brutal, sélectif. On se vit ainsi voué à un « tri social », une colonisation interne, un danger politique, un chômage endémique, une Europe bancale, une certaine morosité succédant à l'abondance. La première condition fut son manque de rentabilité causé par un nouvel esprit commercial sans grand souci pour le travailleur et un remplacement de machines et de pratiques devenues obsolètes, par un nouvel esprit sociopolitique aussi qui pourrait mener à une certaine « technologie » gouvernant un recyclage des organisations antérieures acceptables et une meilleure intégration et une gigantesque diffusion de « techniques d'un autre ordre ».

Ceci évolue sans beaucoup d'états d'âme. On voit venir une injustice partagée souvent par les PME, les petits paysans, les hommes des services sous-payés, les intérimaires et les chômeurs, les femmes. Mais peu importe d'où vient l'énergie, aujourd'hui il suffit de savoir en *profiter*. Il y a entre la technologie de nos merveilleux appareils à sonder l'infiniment grand ou petit ou nos mesures énergétiques au poignet surveillantes de nos pulsations, une nouvelle garantie d'accès à un « paysage social » inédit et supposé plus hygiénique que le coron mais le milieu du charbon ou de la carrière peut nous interroger encore : cette technologie dépassée d'où perce un amalgame *de l'oubli et du silence relève d'un modèle pas tout à fait détruit, celui d'une « histoire et philosophie du travail »*. Elle est là, comme le souvenir d'une guerre, un album familial, chaque vie présente en nos orientations socio-ergonomiques, parentales depuis deux siècles, une lecture confuse du temps, profitable à certains, très aliénante à d'autres, absente ou réduite à rien pour ceux qui étaient relégués au plus bas de l'échelle sociale et nombre d'eux y sont encore. Entre la survie et l'oubli, il y a heureusement des passerelles, il faut en explorer une.

L'ouvrier devenu employé, bourgeois existe et vit dans des lieux fermés, vraiment non écologiques du travail et affronte le tas des vestiges de la sortie de la consommation qui doit malgré tout procéder d'un « travail » pour engendrer une indignation partagée et parfois apocalyptique mais déboucher aussi sur une classification des poubelles par leur contenu, cette technologie linnéenne des déchets est en plein essor, c'est la première pour beaucoup. Cette technologie des traitements des « restes », en son sens dominant, synoptique sert à notre « conservation » comme un traitement anticipé d'une catastrophe naturelle. Il y a peu, notre « technologie en genèse » de l'âge industriel français souvent « paternaliste » a atteint un « microclimat » de monopole et d'influence complexe qui n'est pas à démontrer et ce contexte du progrès peut suggérer un cadre, un milieu où ce phénomène a pris en son ordre instrumental débouchant sur une force capitaliste mariée au grand commerce et à une triste inégalité d'où vint une révolution ouvrière aujourd'hui tributaire d'une poubelle sans fond quand on en brise le silence.

Notre progrès avait la conscience et la bouche ouvertes, l'ordre réifié arriva par étapes. En ce temps de la fin du XIXe siècle, celui de l'architecture en fer et en rivets, en ponts et en barrages, on garde un Paris nocturne, ancien et qui échappe à Huysmans, Londres aussi d'ailleurs. La technique améliorée s'impose de plus en plus en ses réalisations pratiques et ses rapports avec des savoirs de plans, de dessins graphiques ou des régulations industrielles. Ces entrepreneurs comme Eiffel pensaient « technologiquement » mais la profession « technologique » d'ingénieur public ou privé demeurait soumise à des ordres autoritaires.

Les techniques, parfois inventives, parfois passives, sont profondément liées à la notion de *milieu significatif de l'objet et de l'objectivité* car un authentique moment technique ne peut qu'exprimer et donc refléter un contexte social, commercial, un état politique et financier, un système surveillé d'information et de communication qui conditionne des faits vécus et surtout une organisation du travail souvent néfaste à ses exploités. La technique éclatée ou obsessionnelle ne s'affirme pas explicitement « technologique » en France où la nature du profit demeure directement ou non, par tradition et étalon, d'essence « paysanne ».

Ici, la notion devient un carrefour réaliste et négativiste. Disproportionné aussi. Dans l'écart produit par les inégalités de plus en plus marquées entre classes sociales, se joue une misère du travail en très grande dépendance des nantis oligarques, tout paradis de l'urbanisation engendre un diable des régulations : notre *milieu* déterminé, matériel, consumériste, hyper communicatif est bien loin d'être maîtrisé même en ses plus meilleures sophistiques par les incertitudes sur le sens d'une « technologie à la fois proche et lointaine ». L'aspect positif est qu'il demeure en partie localisé, que sa structure et son évolution sont perceptibles sans trop d'effort. Michelin fabrique des pneus à Montferrand où il s'est construit un état dans l'État avant d'exploiter son sigle un peu partout, il note les cuisiniers comme des bacheliers. Mais après Ford, la prohibition, la guerre froide, les accidents des centrales atomiques, la conquête de la lune, le téléphone portable, on sent que le monde de la machine va vite, *très vite, qu'il récupère des images et en fait sa chose* y compris pour les « jeunes » qui peuvent oublier « l'ancien travail ». Et le paysage industriel classique peut nous renseigner : il suffit de se promener en France, en Angleterre pour découvrir des ruines solitaires, rouillées d'usines hier très productrices, que les corbeaux ont colonisées et dont les touristes n'ont pas connaissance.

Contrairement à ce qu'on a cru, le mode de comportement ici énoncé en nos recours aux machineries dépassées par celles d'un univers virtuel et numérique nous donne envie d'interroger quelque distinction concrète *entre technique et technologie*, aux deux sens trop rudimentaires de ces mots : on doit par simple honnêteté assumer une histoire qui s'oublie davantage à mesure qu'elle progresse, dont le faux présent ne peut qu'être rétroactif, c'est le point essentiel de ce que nous baptisons *technologie des supports* dont la ruine oublie qu'elle fut un parfum de la mort anticipée, car un ouvrier ancien mourait à 40 ans de silicose, de tuberculose, parfois d'alcoolisme. Ce monde productif du temps donne une clé pour considérer la lourdeur de vaines « technologies » de soutien en notre monde tout aussi « trié » où la technologie flotte devant un mal sclérosé pour une grande majorité de l'humanité. Nos technologies aveugles procèdent d'une « technologie des surfaces à vivre », des milieux cholériques et assassins. La mort est un miroir, un masque. Ce fut également la plus forte et durable inhibition de la technique sexuelle où la tisane remplaçait le viagra, mais où la fin obligée du travail était synonyme de perte. La durée de vie s'est prolongée mais celle-ci, en ses pharmacies, s'est rétractée comme un embryon barbu. C'est une leçon de cette technologie des récupérations de soi qui nous dit à chacun : la technologie ne change pas l'essentiel, on meurt toujours trop tard.

Des incertitudes

D'un nouveau point de vue, celui du miroir sans tain, le mot « technologie » de la fin du XXe siècle amène à poser un regard initial scientifique et « mathématique » sur des implications qui vont de la forme au contenu, de la syntaxe à la sémantique, de la pédagogie au travail sans omettre un de ces cas, cette voie doit être régularisée. Cette voie est fondamentale, c'est une architecture de la pierre et du langage, c'est pour nous une garantie mais qui reste un programme : le numérique en grande extension cherche à réaliser le projet leibnizien d'une « scientia universalis » et croit y parvenir. Mais l'individu qui lit pour comprendre voulait savoir si l'image de la novlangue d'Orwell ou son équivalent n'était pas qu'allégorique. On n'eut aucune pitié dans les années 1950 pour le génie de Turing qui pourtant fut un efficace chasseur de sous-marins allemands, un créateur des nouveaux radars très efficace mais il fallait qu'il oublie certain projet de mathématique et informatique universelles au nom de son homosexualité. Le puritanisme a tué à petit feu Turing, c'est indigne. Nos civilisés se sont nourris des âmes des autres, étrangers ou supposés insupportables à la vertu. Et il nous faut insister. Quand nous parlons alors de manière épistémomondaine de « technologie », il nous faut aussi descendre dans ses *caves de sens* plus ou moins profondes pour prendre la conscience du meilleur de la vie courante incontestable qu'elle nous procure mais aussi de ses prolongements anthropologiques non exempts de réalités monétaires et virtualités qui sentent très mauvaises. Cette technologie-là n'est pas seulement discutable, elle est ou devient une tombe, un caveau, une fumée mais vingt ans plus tard, la technologie des entraves devient celle des écluses. Elle définit un sens essentiel de la technologie.

L'orientation *théologique, métaphysique, idéaliste de notre philosophie* est en grande partie surdéterminée par une formulation élitiste ou intégriste qui n'est pas assez un enseignement critique, les écoles coraniques en profitent aussi. Inversement, la « technologie réaliste », au sens de François Dagognet (auquel l'ULF a consacré un autre colloque et texte) constitue en grande partie un travail de compréhension philosophique de ces réserves de situations concrètes qui lui parlent fort, y compris à travers nous. Dans un monde de discours analytique écrit qui se noie en ses notes d'érudition atemporelle, dans les sécurités du dernier des verrous, dans des pubs agressives en leur novlangue, il ne s'agit pas de tomber dans un manichéisme à tendance psychologique mais de discerner un élément de tracas comme *la peur inaltérable devant l'inconnu, que la technologie doit toujours optimiser par sa méthode et non une définition par transfert* ! Peut-on aboutir à des réels dicibles autant qu'appliqués, supposer *un espace, un temps et un langage* dont l'absence serait un malaise ? Or, en France au moins, l'enseignement centenaire mais public des techniques même posé comme tel, comme celui du corps et du dessin dans les lycées, des ingénieurs à la commande et des bricoleurs sans demande n'existait que comme pragmatique sinon par quelques grandes écoles, la « formation » était et demeure insuffisante, on aimait pourtant un canevas d'intuitions et sensibilités inventrices. Mais la science était reine sans partage. Dans les années 1960-70, j'en suis témoin. « La technologie » qui m'interrogeait sérieusement me renvoyait toujours ailleurs. Elle était mon *fantôme.*

La technoscience

Il faudrait relativiser notre vie matérielle en quelques mots puisqu'on est plongé en elle par de multiples réseaux politico-informatiques. Notre époque nous semble parfois étrangère aux nouveautés qui nous submergent. Que nous dit la nôtre qui nous soit perceptible pour peu que nous voulions le savoir – ou faire semblant de le voir avec nos propres moyens ? À l'âge où on dispose de machineries et de machinations incomparables et automatiques donc « symboliquement presque suffisantes » en leur matérialité, on retrouve presque automatiquement comme un problème les relations entre ces demi-mondes de *la nature et de l'artifice.* Qu'est-il devenu ? En fait, hors des progrès utiles retentissants, hors des analyses et interventions dans l'infiniment grand et petit, il est vrai que certaines innovations matérielles et sublimes ont engendré des désastres réels ou en suspens avec des médias plastronnant d'images de toute sorte : ainsi, notre civilisation virtuellement mondiale entraîne aussi des technophobies qui vont donner un sens nouveau à l'universalité et à l'éternité de l'« homme-nature » recyclé en ses mauvais mythes. Notre empire du tout et du détail use de moyens technologiques incomparables pour percer le sens et le danger de la moindre cellule ou bactérie ou dresser la carte du cosmos en ses confins et nous livrer sans ménagements à un espace en clair-obscur de nos milieux d'existence. À défaut de meilleure compréhension lucide, cet espace technologique est celui d'un voyage qui peut parcourir tous les horizons et exercer de manière obligatoirement adaptative sa personne. Jamais rien n'est totalement bon et absolument mauvais à la fois. La technologie actuelle permet non seulement une communication tous azimuts mais des rapports interhumains et commerciaux, informatiques et encyclopédiques et des *langages* qui nous prennent alors en charge avec tous les moyens dont ils disposent. Et qu'ils améliorent. Quand le monde n'est plus demeuré un parchemin, la technique de Gutenberg spiritualise l'individu en répandant vite son message en le conduisant aussi en l'atelier du « tireur » et la prise sur le temps qu'il a ouverte jusqu'à nos virtualités, cette parole multiple, omnipotente ou presque fut le meilleur gage d'une nouvelle définition originellement technique de *l'homo sapiens* devenu qu'on le veuille ou non, notre intime technologie. Gutenberg a ouvert une voie royale et religieuse dont nous avons oublié l'importance. De l'expansion et de la vitesse, de la rigueur et de l'accélération, de la lettre et de l'imagerie : tel est notre postulat de vie et de travail et pour cela, même le pire, il faut des signes, la seule expression effective, technique de la connaissance du monde, qui n'est pas un savoir mais une combinatoire, Leibniz a amorcé une intuition du Total du Sens, il est le meilleur de nos « ancêtres ». D'où les dimensions les plus fondamentales de notre savoir entendu, vécu, appris et inscrit, de notre rapport au concret des choses formalisées mais aussi à leur virtuel numérique, statistique, manipulable selon des conditions très variables mais précises : celles d'un Monument de forme et de matière qui est d'abord un *Objet.*

Ce qu'on nomme *espace* s'est matériellement réduit à mesure que son appropriation devenait plus forte et plus féroce : nous pouvons parcourir le monde à notre guise par des moyens efficaces, mais nous ne savons plus nous « arrêter », nous n'avons plus de carte même avec tous les GPS pour dire une frontière. *Le temps* qui s'est installé en maître a pris une autre filière : il fut d'abord un rythme de la couleur associée à l'horizon et au milieu : jour et nuit, saisons et calendriers, temps de semailles et de récoltes, de pêches et de chasses. Ce temps des bases incontournables et des matières premières et travaillées connut sa première mutation avec la découverte du mouvement des planètes, la seconde avec l'horloge à la merveilleuse technologie des mécanismes, la troisième avec le passage à l'accélération et à la machine énergétique, le quatrième avec la relativité einsteinienne, la cinquième avec le virtuel numérique et modélisé. Ces temps successifs ont techniquement façonné notre existence. Dans ces cas, très simplifiés ainsi posés, ce que l'on nomme « temps » désigne une donnée à la fois physique et anthropologique semblant soumise en partie à l'espace parcouru pour aller d'un point à un autre. Mais certaine métaphysique résiste mieux que jamais quand notre vie s'améliore grâce à la technicité performante : des philosophes ioniens très en avance sur leur temps posèrent sérieusement la question : et si nous n'arrivions jamais nulle part ? Et si le temps n'existait pas ? S'il implique sans doute une perte, une entropie, propose-t-il une *assurance contre le négatif et la mort* ? En fait, derrière ces inquiétudes, régnait une maligne réalité : celle de la mort de tout homme – et un espoir : celui d'un éternel retour ou d'un moteur éternel, d'une potion magique. Et une injonction encore « technique » : il ne faut pas se laisser voler l'heure à son réveil ou à sa montre. Le temps, plus que jamais, est l'arme du virtuel et d'une désinformation, d'un fait-divers, et certaine mémoire se sent mangée par ses rats : le présent de l'instant devient chaque jour davantage la forme et le gage de notre durée, il se réduit presque à rien si on veut le partager. Ce qui est cette fois encore est très récupérable par les puissances adaptées, religieuses, morales, précautionneuses et bien sûr militaires : du coup, chacun de nous est un « fait-divers », un instantané inconsistant, une mort d'avant la vie et il nous faut énormément de rites, de symboles, de tatouages, de métaphysique, de mysticisme aussi pour comprendre un peu le sens, en trafiquant le meilleur et le pire de ce qui nous *arrive*.

Même cathartique et positive à la fois, la science la plus rationnelle n'a jamais pu totalement se débarrasser de ces « secrets de quelque rapport au hasard temporel » non commercial ; les hommes de pouvoir ont fabriqué un instrument de parole et d'action qu'on nomme le *sens de l'histoire* et c'est ici que la technologie moderne trouve ses sources. Mais de manière paradoxale : c'est un fleuve du temps qui fait des rivières et non des rivières qui font un fleuve. Une modélisation de l'histoire devient bien plus que jamais un « jouet » à mille ouvertures de parole même souvent fausses en leur virtualité onirique ou mensongère. Cette technologie d'information compose avec une poésie qui est aussi une mesure du temps *perdu* et qu'on n'aurait pas dû perdre, une représentation discontinue de l'histoire que *l'on veut rendre continue* mais qui alors se moque de nous, il y a déjà longtemps que son Terminator nous peut évoquer Fernandel. Il nous faut des monuments architecturaux pour nous « souvenir d'un passé choisi » donc résistant même si la destruction des statues des grands hommes fait rire Saturne. Car *l'oubli* est une autre carapace du temps qui nous arrange et la technologie y participe en devenant une stratégie du jetable et d'une poubelle à couvercle quand des siècles de mauvaise technologie se sont traînés et s'éclaboussent encore dans la fange de leurs milieux. Et alors ? *Peut-être l'oubli est-il la seule liberté de l'homme ?*

La guerre des machines

Comme toute autre guerre et sans renier celles-ci mais en les menant en partie sous d'autres modes que les « grandes du XXe siècle », la guerre de l'espace-temps est aujourd'hui une affaire de communication technique, liée à l'invention la plus forte du XXe siècle : le téléphone portable a fait du *signe* une totalité et une différence en même temps par un discours minimaliste du secours, de la police, du bureaucrate. Mais aussi de la haine, de l'amour qui perd son coup de foudre et de la guerre multiple et impitoyable qui récupère et maximise ce qu'on sent en soi. On est entraînés dans ce polar aux images ambigües mais notre technologie veut qu'on ait établi un surplus de connaissance et de dérapages atomistiques qui viennent nous confirmer qu'il faut toujours gagner, donc que l'homme est bien un loup pour l'homme et la nation le boa d'une autre. C'est le bruit, la fureur, l'attente, l'entretien de toutes les armes y compris mentales. Mais le goût de la bataille et parfois de la mort – qui ne se limite pas à la guerre – a aussi généré d'autres armes, apparemment pacifistes et réparatrices, en une évidence scientifique et technique qui pourrait nous guérir de nous-mêmes si nous savions nous y prendre. Mais l'histoire renâcle et nous emporte.

Avec pourtant pour nous des exceptions technologiques importantes : il y a des armes à mourir et d'autres à vivre. Ces dernières caractérisent nombre d'applications aux données et valeurs organiques, médicales selon des techniques actuelles qui prennent en charge la qualité singulière de l'individu, y compris une part de ses fonctions mentales : les appareils d'intrusion, de visualisation très fine, de mise en œuvre de travaux biotechniques, d'instruments de greffe et de remplacement d'organes, de chirurgie des profondeurs en vue plongeante pratiquée sur la surface du corps, de prothèse, d'aide à la survie constituent un immense bienfait scientifique et technologique dans la vue et la réparation du corps humain. Ces techniques le plus souvent « mécanistes » travaillent sur des handicaps réduits à leur meilleure expression. Pourtant, certains usages de la technologie cartographique peuvent faire tourner la double hélice à l'envers, la *biogénétique* d'expectoration temporelle constitue l'autre face un peu trop voyeuriste et généalogique de l'examen. Cet ensemble chirurgical médical, techno-génético-biologique constitue en nos hôpitaux et nos traitements une entité où le naturel et l'artificiel coïncident en leurs meilleurs usages extrêmes quand une philosophie du réel et du virtuel, du normal et du pathologique qui, de près ou de loin, associe la vie et la mort en des noces où la technologie vitale trouve une autre profondeur. Et la mort que certains affirment « ensauvagée », celle dont Foucault disait qu'autrefois elle était présente comme un horizon de la vie, de la guerre et du familial qui lui fait constater qu'aujourd'hui on vit au meilleur auto-sécuritaire de notre identité pour espérer ne pas mourir trop vite, du coup, la mort n'est pas un fruit défendu que l'on assume et partage mais celle de *l'autre* à oublier aussi vite que possible pour ne pas offenser la Nature. Mais ces deux secteurs de soi comportent des traditions encore admises ou des engagements culturels et scientifiques qui, s'ils nous ensauvagent, banalisent le dernier acte de cette pièce. Une pièce où quantité de techniciens du détail significatif s'infiltrent partout où leur odorat les pousse. Les avocats et même les juges, les enseignants, les scientifiques du panoptique, les sportifs, les hackers, les marchands, les banquiers, les écolos, les véganistes, les cloportes sentent quelques boutons de vibrions mal placés, un eczéma qui gagne jusqu'à la partie gauche du cerveau, et il leur demeure comme une cicatrice transférée de l'histoire car depuis longtemps, les politiciens savent que *toute grande crise économique s'est conclue par une guerre massacrante.* En attendant, on aime voir les autres se battre sur nos frontières et nous acheter des armes par millions. Sommes-nous pris dans un cercle infernal d'un nouveau genre mais fidèle à sa tradition ?

Bien sûr, nous, on est des pacifistes, même et surtout si on est des technologues. Les armes qui tuent à long ou petit feu, celles que les milliardaires et les États fournissent aux guerriers syriens en loques mais aussi les armes du sécuritaire, celles qui nous baguent comme des oiseaux et nous laissent noyer les exilés car ils sont sales et indigents opèrent en toute vérité et constituent un contrat de paix provisoire avec notre « opinion banalisée ». Même affublé du chant des humanistes dévoués, mieux vaut se donner comme grand œuvre le fait de ne pas regarder, entendre, respirer ce petit monde qui est au-devant de nous. Finalement d'ailleurs, en notre charité, les schèmes technologiques, sociaux, tératologiques gagnent à ce qu'on ne les voie pas, c'est une condition de notre tranquillité. D'ailleurs, la situation est encore trop complexe pour nos neurones artificiels : les armes déterminent depuis « l'âge des métaux » les premiers produits de cultures qui cherchent à gagner de l'espace et du temps, à améliorer leurs performances par tous les moyens possibles, y compris et d'abord utilisés sur les « autres » ; réciproquement la qualité, la précision, la matérialité spécifique, la multiplicité d'armes en divers milieux, leur totale amoralité et leur symbolique séduisante ont fabriqué nos mythes et nos mentalités, certaine philosophie du travail, certain bon prix des murs du monstre, il y allait de notre hygiène et on ne plaisante pas avec lui. On vit avec une arme cachée en nos neurones et nos lits, à tous les degrés de l'angoisse de la mort individuelle jusqu'à la centrale nucléaire devenue touristique, même à Tchernobyl, c'est la guerre qui nous joue sa danse macabre pour nous convaincre de notre civilisation paternaliste, virile.

Les armes de combat ont sans doute entraîné pas mal de bien-être pour nous car ce sont toujours des outils en pleine perfection pour leur utilité ; nous en avons fait, croyons-nous, autre chose, de bien plus humain. Il me semble que la situation de mon vieux grand-père qui disait « Jamais plus » en son vélo manchot de facteur de village et qui défilait au 11 novembre sans rien dire, nous rappelle par quelle absurdité diplomatique il fallut entrer dans la *Grande Guerre*, dont les blessures technologiques en leurs batailles allèrent jusqu'au bout de l'horreur mais aussi de l'invention hyperbolique qui nous a écrit la suite de notre condition. Nous ne sommes jamais sortis de cette mort dont on peut oublier quelque morale mais jamais la « couleur » du sang et des larmes de boue ; or, elle est également technologique. La question n'est pas contingente, c'est non seulement pour nous un oubli de circonstance, mais une rétraction volontaire appliquée au technique mortifère au nom d'un humanisme idéaliste, complice de la nuit au sarin prospectif. Dans la suite historique, vinrent des travaux de tout ordre inscrits dans une morale politique et destructrice appuyée pour certains sur une néo-technologie de la mort adhérente, comme un génocide et une bombe atomique qui ne nous ont jamais perdus de vue. Cette « technologie-là » nous propose un masque qui peut servir de synthèse à la croyance et à la paix des âmes. Le problème est celui d'*un modèle revendiqué de l'homme, « état ou nation », pacifique ou guerrier, naturel ou artificiel, normal ou pathologique.* Pour chacun de ces doublets, le problème n'est pas celui d'un manichéisme absolu (ce qui reviendrait à nier l'histoire) mais de savoir où, comment passe la frontière entre ces deux domaines, entre l'axe du mal que l'image pousse jusqu'à son cadavre d'enfant vivant et l'humanitaire courageux lui-même traqué par les despotes mais qui n'est pas le bréviaire du grand humanisme trop souvent revendiqué comme un moralisme de patronage. Lui, il joue sur les deux tableaux depuis des décennies, il est bourgeois et oligarque, il triche et tricher est un bon paramètre technologique et personnalisé de l'observation équipée pour sa mise, mais il nous fabrique des fake news et des corruptions électorales, c'est un pourcentage comme pour les passes réussies des footballeurs, un sondage médical et embryonnaire transposé, c'est la réhabilitation du nouvel *élément fondamental de la technologie des tueries, des grands et petits génocides mais aussi des misères sociales et des folies de tous les pouvoirs persuadés de leur seule vérité.* L'analyse se profile, la question est d'en trouver le code.

Les nouveaux techniciens

La technologie qui échappe à tous ses adhérents communs en une expression non plus linéaire mais circulaire de la raison correspond, chaque jour davantage, à une forme « magique », celle d'une super-science qui privilégie quelques mots ou « signes accomplis et situations spirituelles » pour affirmer sa propre rationalité totalitaire. On semble n'avoir guère dépassé alors son caractère infalsifiable posé d'entrée. Mais elle doit aussi s'appliquer sans perdre ses axiomes. La technologie sert ainsi de caution au capital monétaire et éthique et également de rempart agressif contre qui voudrait dépasser ce cadre formalisé. La science en particulier mathématique, logique, biologique si elle touche à des pics et icebergs de qualité possède son champ de signes, d'opérations, de numérisations. Son monde est celui d'algorithmes qui peuvent ouvrir sur d'autres applications en une qualification philosophiquement semblable à une « idée innée » de l'homme. Émergée à ce prix par une « philosophie formelle des systématiques », la question n'est sûrement pas « qu'elle soit bonne ou mauvaise », mais qu'elle use fidèlement de son propre langage et de sa propre structure. Et des retombées sans appel. Ainsi, celle de l'appropriation par le pouvoir capitaliste d'une part du sommeil de l'individu toujours un peu stressé quand il s'éveille et dont la durée d'existence quotidienne est mangée par des mécanismes constants de rendement, de communication, de consommation. Certes, en d'autres moments, on pouvait travailler douze heures dans des situations ouvrières, le paysan ne comptait guère sa « quantité de travail » mais la « pression technologique » était moindre, on dormait davantage, on pouvait plus stoïquement aborder des mises à l'écart, des récoltes détruites, des parentés insupportables, on pouvait élaborer des projets, rire et pleurer, souhaiter un avenir meilleur à ses enfants, on pouvait « malgré tout » entretenir un rapport différent du nôtre au travail, à son milieu social, à soi-même. Les techniques, petites mais jamais indifférentes, possédaient un langage, un apprentissage, une habileté, à la lettre une *techno-logie*.

De notre point de vue, l'automatisme du langage et du gain, de l'aller-retour, du refoulement et du transfert a horreur de la défaite et de la panne, y compris celle de l'aspirateur auto-normé et autres nombreux appareils du même genre dont le coût suppose une implication et un ordre qui présentent, selon des prix en degrés, des théorèmes économiques intéressants : plus coûteux est l'objet, plus il est fiable mais du coup, moins nous comprenons ce qu'il contient de pièces qui nous parlent, le comble étant un mode d'emploi souvent ésotérique mais traduit en 12 langues. Ce qui caractérise pour nous, les « non-savants », un mélange où la *technologie* est un phrasé, un détail surprenant, un avertissement très médiatique, un devoir de transfert à des merveilles d'énergie non fossile. Sur ce plan, on aboutit par devoir de survie à une récente technologie horizontale du biotope et du durable qui, malgré ses très bonnes intentions formulées pour la protection des générations suivantes, entre dans un nouveau marché des machines insectivores dont on souhaite l'extinction animale – contrairement aux bonnes bêtes sauvegardées.

Il ne s'agit pas de galvauder ces prises de conscience mais d'être lucide au sujet des obstacles que rencontre cette « jeune technologie », même si des recherches et innovations intrinsèques peuvent aller bien plus loin, hors des manifestations pour le refroidissement du climat, le « vrai » du désir passionnel s'affronte à des ordres de l'expansion économique et marchande qui avance presque sans limites sociales intrinsèques – les lobbies des milliardaires en « technologie appliquée » comme Facebook et Amazon fondent leur puissance à la fois sur un rapide marché de livraison de tout à tous mais aussi sur la nécessité d'un protectorat politique et numérique de ces peurs et de ces espoirs printaniers très sincères. Même la méga-science peut s'appliquer par des rhétoriques de financement pathétiques en un pouvoir masqué qui relève malgré tout, on n'a pas conçu d'alternative, d'une concurrence par tous les moyens modélisés et virtuels qui renouvellent une « transcendance du dollar dans la monadologie des pouvoirs ». S'insurger en s'en prenant aux pouvoirs politiques accusés à bon droit de mensonge et d'incapacité est un louable projet – à une exception près : dans l'ordre économique cynique ou informatique, ce sont pour les trois quarts au moins des décisions des magnats des lobbies qui se fichent assez volontiers des destins de l'humanité eu égard à leur fortune qui n'en finit pas de grossir et ne permet que de percer cet amalgame dans un grand magasin universel de la rente bénéficiaire, et qui laisse l'écologie à 5 % de votants pour une autre « nature ».

Un miroir

Certaine expérience sarcastique nous propose de manière plus « humaine » et « plus qu'humaine » un *miroir* de nos principales facultés mécaniques et un jeu aussi avec elles, ce que nous nommons un automate, un métier de la soie et le Canard de Vaucanson recyclé des années 1970-80 qui devient aussi notre nouveau sport vidéo avec déjà lequel nous matchons comme les joueurs d'échecs avec les ordinateurs. Il y a un lieu géométrique de l'artifice humanisé dans cette super-machine. C'est un *robot*. Le robot commun est un appendice de vie dans une machine de métal qui fait peur à certains mais que d'autres exploitent sans état d'âme et par lequel nous ne faisions qu'envisager en ces temps des Mark et des Cobols un avenir meilleur pour des possibles techniques que l'homme va effectivement aujourd'hui dépasser au mieux de sa connaissance, de sa science, et de ses inconscients. C'est dans le domaine biomédical (neurologie de pointe, nanotechnologie, cognitivisme et hérédité génétique différenciée jusqu'aux racines) que la question prend son ampleur première, ce qui amène à envisager un contrôle exact et éventuellement une remise en marche autonome des organes et de l'ensemble du corps artificialisé par une « mécanique » appropriée à ce mixte de joie et de peur mais parfaitement rattaché aux désirs éthiques et sécuritaires de notre temps. Si l'on aime notre civilisation, on doit pousser notre naturalisme technique en pleine expansion jusqu'à sa limite rationaliste mais également finaliste, c'est le danger de cette connivence que dénonce Spinoza. Mais nous, les bourgeois centristes, on sait voir plus avant en retrouvant un grand ancêtre. Dieu. Entre les humains et les post-humains, les pécheurs invétérés et les saints robotisés, Dieu reconnaîtra les siens. Notre pharmacie suprême est conditionnée par cinq grands laboratoires qui, par tous les moyens, imposent leurs remèdes à la meute en souffrance. Un « surplus » parmi d'autres, un inattaquable exemple technique qui malheureusement ne se soucie guère des engagements lyriques de nos dirigeants à la bouche fleurie de germanium au champagne. Et de dessins animés, caustiques ou homériques. Terminator, les monstres et les footballeurs, tous nos grands Walt Disney collaborent même si on en fait des duels, des matchs en miroir, des morts formidables et des modèles ébouriffants de tous nos dinosaures du Colorado – mais pas de la Silicon Valley. Un corps, devenu un robot équipé d'ordinateurs à peu près invisibles, autonomes et coordonnés à la fois, va, croit-on, changer toutes les sensorialités des expériences et les ramener aux vérités profondes et intouchables du futur cerveau pour qui le virtuel suffirait comme objet privilégié du savoir jusqu'à en devenir l'« unique » imprégné de lui-même. Plus besoin de *hardware*, ou presque. Un mode et un cerveau virtuels suffisent, d'autant plus que les anciennes et actuelles expressions théoriques et pratiques, hyperboliques de l'« intelligence artificielle » parcourent et subliment une hypothèse devenue irrépressible et formellement, logiquement satisfaisante en ses raisons suffisantes. Dans ce cas évidemment, le corps devrait être repensé, charcuté sans doute mais les hommes sont toujours des matières au moins par leur mort inflexible, quand ils deviennent la poussière de leur destin. Si mourir n'est pas seulement *crever* de sa propre pourriture et si Dieu se confond au Requiem de Mozart, l'art et la machine seraient réconciliés ; pourquoi mais surtout *comment* ? La contexture de la mort est-elle toujours la même depuis deux mille ans ? Une technologie du mort-vivant devenue celle du vivant-mort ou un nouveau langage unifié par son imagerie à deux ou trois vitesses, nous délivrent un nouveau message. Alors, la technologie affrontée à ses meilleures fonctions devient prophétique et nous, il nous faut aussi nous rassurer sur ce point, on va *croire* en ce progrès, c'est pour nous aussi un gage, rarement une mise. Le cinéma détient une capacité polyvalente d'accès perceptible à ces métamorphoses : Kubrick a raison d'y voir une Odyssée.

Ce voyage, cette escapade du sens me fit dire et un peu comprendre que mon imaginaire ne me donnait de ces phénomènes que des expressions lisibles secondes, esthétiques dans la littérature romancée et le polar. Fallait-il voir là une sorte de « mythologie » elle-même sur-adaptée ? Il y a quelques effets de retour pour quelque philosophie d'un nouveau langage, ainsi la *vérité* qu'on accordait autrefois au savant comme au Dieu qui a déjà tout résolu sauf nous-mêmes, se voit elle-même contestée par des paramètres imprévus, tour à tour naturalistes et pragmatiques économiques selon les besoins du milieu, usant des capacités techniques disponibles, qui dépassent enfin le scolastique et la catharsis des raisons. Cette « technologie-là » est un archipel avec des océans autour. Ce néolangage qui court comme Achille pour rattraper ses techniques « matérielles » ne me dit que mon langage du préau de l'école et de la Police de la pensée alors qu'il a promis de tout me dire, me faire comprendre, m'imager, je suis au piège de mon algorithme personnel. Certes, on sent en trimard de l'éducation et de l'édition, sans trop regarder en arrière, mais chercher des techniques du sens n'est pas chercher le vrai des intouchables. Le « sens » des choses se heurte à une très légitime car historique manipulation de l'évolution technologique appliquée vers un langage gestuel, formalisé, ramené à une simple expression, à des politiques pitoyables, à une publicité cannibale, à une volonté échangiste et porno, souvent sadique ou ridicule, mais la référence scientifique est une signature qui ne relève pas, ce serait bien trop simple, de la technophobie à la mode. Notre langage « technologique » *dépasse* de manière intellectuelle mais aussi sensible son expression rationnelle pour nous *émouvoir*, c'est un fait. Le *risque d'erreur réelle* n'est jamais refusé que par les tyrans monomaniaques et les idiots de la vraie vérité. La technologie ne peut éviter sa propre incertitude si on cherche un peu plus loin que sa dogmatique qui nous en rappelle d'autres. Quand des méthodes à la sur-Apple et consorts partent d'une quantité chaotique pour générer techniquement un nouveau traitement social des informations, il rencontre encore comme un diable biblique devenu algorithmique un jeu du « hasard », il s'affronte lui-même par des mémoires quasi infinies, des algorithmes ultra-performants et par une incommodité au piège du pouvoir omniscient de nuancer l'exigence de la méthode des causes et effets – bastion malgré tout de la rationalité et de toute exigence du « pourquoi des évènements », car son langage est porté « ailleurs ». C'est le « comment cela arrive » qui compte en cette technologie des effeuillages du sens. Aux meilleurs robots spiritualistes parfois récupérés, les relations et communications ont créé leur monde de « transcendance diluée et réticulaire » dont notre survie ne peut qu'approuver et confirmer l'homme des « premiers mots et calculs ». L'informatisation actuelle de nous n'est qu'un bobard psychologique mais, à travers nos innocentes options, on s'aveugle d'un passé mais on peut sentir, à tout âge, que cette technologie des feux d'artifice de nos haines et amours va imposer non plus des déductions mais des *préventions* – ce qui, socialement, rejoint aussi le « fameux principe de précaution » posé comme une *nouvelle essence de nous-mêmes*. Mais, à ce point de science, de propagande, de fatigue personnelle, nous voyons arriver une *technologie des mémoires* qui associe le temps des lunes à celui des hommes, qui nous parle comme nous le ferions à des ancêtres médiévaux ou comme on le fait à nos primitifs amazoniens en costumes neufs pour les photos de groupe. Elle nous parle de souvenirs refoulés ou recyclés. Elle nous parle aussi de victoires et de défaites.

Matérialité

L'homme devant la machine qui l'essaie et qui s'en sert, qui l'améliore, qui l'oublie, qui l'interroge aussi de près doit parler de ses outils y compris les premiers (la taille des silex, le feu, la conservation des denrées...). Les groupes ont dû les dompter pour survivre dans le réel le plus élémentaire et peu métaphysique malgré ce qui ensuite nous revient avec tous les animismes, adorations, totems, fétichismes par lesquels le capital mental et religieux se fabriqua ses impôts et ses narcissismes, ses empires conquérants et notre raison infantilisée.

Mais, aujourd'hui, quel est le sens de ce transfert si on l'applique à notre rapport premier à nos contacts avec « les choses » ? L'objet nous parle en fait de ses éléments premiers. La matérialité part du monde et, dit F. Dagognet, nous devons *rematérialiser* des zones inventives ou collectives de notre esprit en énonçant un objet singulier en ses gestes et sa matière : le verre n'est pas qu'une forme appelée par son vide, c'est un matériau élastique pour un travail de la matière qui fabrique un nouveau vide, différent du premier car il crée son milieu. Les nouvelles matières électroniques qui nous accompagnent dans une grande partie de notre instrumentation se sont complexifiées et sont devenues souvent anonymes mais leurs « moyens » sont d'abord des objets. Toute matière, contrairement aux apparences et aux natures, n'est jamais porteuse de cette « substantialité domestique », esthétique et métaphysique qu'on lui accorde un peu vite. Aristote dit que l'homme crée des ensembles que la nature ne pouvait réussir. En fait, la technologie « rematérialise » les extraits de dualismes spirituels qui souvent considèrent la matière comme une genèse ou une dissipation auxquelles on associe le travail et l'usage. Elle est au cœur d'une classification nécessaire au progrès par un ordre effectif des actes et des mots (voir la classification des éléments par Mendeleïev) et des degrés de savoir par l'effet mais acquis. Si cette technologie avance, c'est qu'il est question par elle, en elle non d'âme ou d'esprit mais d'« *intelligence* ». La science rationnelle demeure une discipline fondamentale mais trop entriste. Notre civilisation a vécu ou subi comme une main qui part du matériau la nécessité de modèles plus formels et mathématiques que réels et pratiques, et notre « responsabilité » alors se voit parachutée, elle est vécue comme une faute et non une erreur ou un accident venu du milieu. Quand un avion se crache, on parle moins de la déficience d'une pièce que d'une faute de pilotage. Bel exemple de médiatisation « éthique » propre à noyer la technique dans un discours émotif portant sur un mal satanique de l'incapable plutôt que de l'irréparable. Chez l'homme qui perd son moteur, il y a toujours, n'est-ce pas, une insuffisance morale. Peut-être avait-il bu ? Des témoins l'ont vu comme tel et cela nous satisfait, on en est indignés. L'opinion, il y a vingt ans, disait du chômeur : c'est un malheureux ; aujourd'hui, on dit : il l'a bien mérité, parfois encore : c'était inscrit dans ses gènes. Il y a pourtant des limites aux frontières du savoir. Débrouillons-nous avec ces nouvelles machineries de plus en plus intégratives. Peut-on matérialiser un coupable ?

Ce rapide propos polémique élimine-t-il toute invention ou la réduit-il à un documentaire sur un doublet entre un formalisme adaptatif et une construction matériellement prédisposée mais d'abord créatrice auto-proclamée mais vite utilisée avec un gros profit ? Il en reste des exemples dans nos plus récentes « méta-technologies » des ensembles souverains des communications : Bill Gates, Jobs, Bezos, Zuckerberg ont, avec d'autres mais en un projet nouveau, instauré chacun leur empire. D'autre part, l'architecture est sur le point du réel un témoin oculaire, le révélateur d'un temps dont elle dressait les boussoles. La technologie qui se cherche n'est pas un ensemble de conventions touristiques, c'est *un art des frontières de la raison et du sens*, ce qui amène à trouver en elle un lieu géométrique, un ensemble de théorèmes, une mise en scène des rôles, un langage qui s'entend même si on l'écoute en écho, un assez nouveau jeu de rôles et même d'improvisations : le *théâtre*, le premier des arts, n'a pas dit son dernier mot, c'est le scénario de cette « technologie ».

Le prix des technologies

Devant la pluralité et la polyvalence des sens du mot « technologie », j'ai choisi d'en traiter quelques plaques successives de manière ironiquement « géologique » car cette image physique me semble séduisante pour un phénomène clair-obscur susceptible d'évolutions, de glissements, de dérives, de superpositions, d'éruptions, tous inscrits dans une histoire, ordonnés par un système assez écartelé et passible malgré tout d'un ordre singulier dans la facticité du concept devenu théâtre. Notre raison, nos sens et d'abord notre *mémoire* sont catalysés par les modélisations variées de théories et pratiques adaptées à leur spécificité mais assez cohérentes pour nous parler d'une sorte de « même signification » si nous voulons comprendre. C'est ainsi que l'on peut évoquer un réseau sinon une combinatoire, une toile mais aussi un jeu de bluff au marché bancaire ou de poker et dans des guerres excentrées pour ne pas troubler la tranquillité des marchands d'armes, de drogues, de femmes, d'enfants et d'hommes non noyés. Et il y a ici comme chez des vitrines de boucher ou d'interviewer, ce qu'on doit dire et ce qu'il faut taire. L'information générale actuelle est un *tri technologique.* La ruse en fait ses stratégies et même ses matières ordinales. Le mot « technologie » en ses plus actuelles incidences ne peut, par vertus et dérisions, se débarrasser totalement de la morale, de l'éthique, de la proximité de la mort et des difficultés de sa transmission positive selon des simulations du meilleur apprentissage pour certains, de l'infériorité calamiteuse pour la partie restante du tri, des moindres choses et mots dont l'existence est suspecte si elle n'est qu'utilitaire, son passage en ce monde ne laisse aucune trace. La « vérité » technologique ne répugne pas à se rallier ainsi à nombre d'autres valeurs vieillies par des siècles de dogmatisme de tout poil – les résurrections tyranniques, masochistes, sectaristes – dont la technologie fonctionnaliste et réaliste ne peut plus en faire qu'un vade-mecum. Cette taxinomie opaque de la question, se retrouve prise par le « comment » bien plus que le « pourquoi » mais ce développement est amoral, automatique, a-humain : par ce biais, il nous suggère, par exemple, de considérer non une « intelligence artificielle » mais une « artificialité de l'intelligence ». Soyons encore réalistes : la Technologie est un *apprentissage* pour un travail reconnu d'un grand objet collectif, il faudra le peaufiner, on peut se le nommer pour en faire sa chose, les cyclones ont tous des noms de femmes et les États de Trump des noms indiens, certes, on semble n'être plus dans « la bonne et vraie technologie » mais celle-ci, je l'ai nommée comme « géologique » pour me faire plaisir. Je pense néanmoins que ses diverses couches de laves scientifiquement, pratiquement et socialement superposées où le réel et le virtuel conspirent peuvent nous séduire ; mais la technologie est le langage d'un Objet : sans hypocrisie, quel qu'il soit, on doit dire aussi qu'il faudra le « vendre ». Ce n'est surtout pas le moment de moraliser pour restreindre le « danger ». Il y a bien plus de choses dans notre monde, Horatio, que n'en contient ta philosophie, dit Hamlet. Il faut user de ces séquences en un miroir historique et taxinomique mais aussi scientifique, inventif et expert. Il ne faut pourtant pas abandonner trop vite notre frontière entre deux mondes récurrents car l'information en plein essor peut conduire très loin. On n'a même pas à démontrer le bruit de ce son tragi-comique, il suffit pour nous de « l'entendre ». Et à prendre une nouvelle optique portée sur une technologie débordante mais qui nous prend aussi en traîtresse. La quantité et pulvérulence des signes, les fonctions gigantesques des machines, nos peurs ou nos enthousiasmes conduisent vers une absence de repères qui n'est pas seulement angoissante mais désarmante pour l'individu dont les précédents accès aux « techniques classiques » relevaient d'un *code descriptif, d'une évaluation ergonomique, d'un mode d'emploi et de correction.* Les inégalités sociales étaient bien sûr inévitables, mais c'était notre volonté qui parlait à la machine et non la machine qui parlait à travers nous.

La technologie politico-économique devint de plus en plus un oxymoron de notre progrès colonial interne-externe mais qui erre si on n'en est pas directement le client. On peut aussi par la statistique numérique et ses dossiers sur presque tout et tous, laisser émerger un espace et un temps nouveaux, en un ordre de notre pensée qui peut nous faire sentir que nous n'en sommes pas les victimes mais les otages. Ce qui implique une ombre qui permet, si on se sent trop près ou trop loin de ce que nous disent des technologies souvent borgnes, de *regarder ailleurs.* Cet effet d'optique est un *très important morceau de sa définition que l'on ne peut accepter que comme devenue aléatoire.* Je peux alors aujourd'hui m'emparer de rudimentaires moyens technologiques pour *regarder par-dessus mon épaule*, pour faire de la technologie une sorte de capital de la vie où je pourrai puiser, un chemin parallèle aussi qui m'agace par la vitesse illisible ou la lenteur perverse de son développement, par son autonomie, par l'accélération générale pour moi du théorique et du pratique qui me livre à des effets, des fonctions, des récompenses, des inerties, des chômages du corps et de l'esprit, la « rematérialisation » qui ne peut nous laisser insensibles.

Pour aller un peu plus loin, c'est un fait irrépressible ; l'enracinement au double réactivé du travail forcené ou absent et de la guerre qui crée des espaces et des hommes *vidés de leur consistance* a évidemment engendré des *banalités* utiles qui anticipent l'oubli bourgeois des « incertains de vivre » ou de vivre en viager, car l'argent domine absolument tout, la technologie est son meilleur traducteur, à la fois condition et émanation du lingot ou du bitcoin. Ce qu'on nomme Technologie ne peut être évidemment exempt de son coût des créations ni du prix de son fonctionnement, elle s'incarne dans des retombées existentielles, dette, rente et consommation comme un horizon de vanités, de distractions, de compressions, de fiscalité et de sécurité obsessionnelles et de néolibéralisme qui renouvelle la constante boulimie du cannibalisme capitaliste.

La vitesse indéfinie de la communication, celle des transports rapides, des transactions financières, des objets new art, des images manipulables suppose évidemment des degrés et des spécialisations des actes et des signes, des savoirs atemporels dont le *métier* demeure un tronc ou un fondement que nos recherches les plus pointues ne détruisent jamais complètement. Car le passé est inévitable au futur, *un fil d'Ariane* doit savoir composer avec la *boîte de Pandore*. La dimension *fonctionnelle* est la plus forte pour rythmer notre travail et envisager sa *durée*. Or, ce que nous nommons « technologie » nous amène ici à élaborer un dialogue positif et cohérent entre ces aménagements et nos contextes d'exercice, nos consciences de nous-mêmes, il faut qu'il en soit ainsi par la force des mots et des choses, cette histoire matérialiste ne se renie jamais : le transistor est encore une boîte à outils. Enfin, il est rare que toute technique, toute collaboration entre la matière et le dessin, le livre et le « monument » ne fasse pas la part belle à un élément artistique réactivé, traduit ou mythique dans un nouveau langage virtuellement techniquement lisible. La technologie porte avec elle un *riche imaginaire, ancien et actuel. Et qui n'est que le sien.*

Notre technologie même très protégée en boucliers et policiers comme dans leurs développements démiurgiques, théologiques ou moralistes est d'abord et toujours malgré tous ses sarcasmes et ses aventures une « résistance à l'ignorance » par des moyens matériellement de plus en plus performants et dont la saisie par nous devient un projet et un programme qui, nous débordent avant d'être seulement saisis car ils sont auto-vérifiés mais pas épuisés pour autant. J'ai trouvé aussi dans la technologie « structurelle » une utopie, une uchronie qui sont celles qui fécondent tous les travaux humains de tout ordre parce qu'elles les fondent en leur image, les tiennent ferme, les réalisent, les exploitent, les projettent loin, en ramassent aussi les rebuts : agir et même ici écrire donnent un sens, une signification, une symbolique à une techno-technologie relayée par une anthropologie qui construit à tous ces propos un enjeu radical.

Le mot de la fin

Je veux revenir au simple et au distinct, donc avant tout au *mot* et à ses images, ses fonctions, ses usages. La dernière définition, pour moi de ce qu'on nomme à tous bords et toutes versions de réalité et de forme, la « technologie » en *son nom commun* et étymologique – techno-logie –, peut, à la rigueur, désigner un moyen infalsifiable pour « tout faire de tout », mais elle est critique et polémique, car elle risque de nous devenir, si on n'y prend garde, le pire du pouvoir de l'ignorance, une *banalité. La « technologie » à tous les étages me semble exprimer un refus, une démagogie, un oubli, un défi, une manière de se détourner des questions objectives* pour en faire autre chose, un hyper-jouet mais également une provocation, une plaie dans un univers que nous voulons conservateur et peut alors mettre en marche des procédés pour s'opposer à un mur économique ou culturel qu'elle soutient mais qu'elle doit être capable de comprendre pour le transgresser. Jamais cette technologie critique ne se porte mieux que quand elle peut énumérer et qualifier ses obstacles. Un grand constructeur technologique construit le plus souvent *contre* l'avis des autorités, des scientifiques et de la rumeur. D'où, à titre d'exemple, la machine symbolisée et animée par le Jeu qui nous interroge partout de nos jours. Le jeu nous interroge en force comme une prothèse mentale mais aussi un sport médiatisé. Appliqué à notre angoisse du risque de la perte, du manque sinon du jeu de la mort, à l'ordre dopé des oracles et des patrons et à la faiblesse de nos appréhensions fragiles de nous-mêmes, le recours à une mythomanie générale du gain obligatoire peut faire dire à l'individu lucide : *joue-t-on pour gagner ou pour expérimenter quelque ailleurs, peut-être avec quelque plaisir, ainsi le fait de perdre ?* Si on ne rattrape jamais sa vie même si on court derrière, un jeu n'est-il qu'une obsession ou une accélération énergétique de l'ordre et du progrès dont nous ne comprenons que les détails à mesure que la question accentue ses vitesses et pluralismes ? Le *jeu* pris en sa généralité symbolise une autre définition de la technologie de la martingale où le *détail* peut faire bifurquer le destin. Le fait de vivre et encore mieux de survivre ressemble fortement à un film policier.

En un dernier sens, s'il n'a pas émergé parmi nous comme un sujet d'analyse rigoureux ou un élément consciemment considéré, s'il garde une part d'« anonymat », sa réalité, le mot « technologie », de manière logique, trouve sa place dans notre histoire et notre expression significative. Dire la chose par un mot, par son histoire et son enseignement technologique retentit aussi comme une confirmation du caractère « économique et culturel » de la double vie du politique. Ainsi, la « technologie des frontières » comme pour La Boétie *gagnait* sa servitude quand elle *perdait* sa liberté. Cette phrase n'échange pas un royaume pour un cheval, c'est une version concrète du travail, inscrite dans des situations périodiques mais sans perdre sa forte étymologie qui va de l'esclave, privé de langage à des super-machines capables de tout ou presque et autonomes, également à des données physiques et sociales qui ont valeur de jugement alors que ce n'est qu'un constat. Nous, occidentaux et leurs dépendants, on se soucie peu du repas des autres et bientôt de l'eau, première condition du vivre et tirée vers son marché qui frappe déjà comme à Haïti mais on croit fortement que cela ne peut pas nous arriver. Ce souci touristique participe à ce qui est la franchise de nos actes et la connaissance de nos possibilités, à l'adaptation à notre milieu de vie qui se rétracte sur la double qualification, celle de machines absolutistes sophistiquées et celle de deux milliards d'hommes sans accès à l'eau potable, c'est toujours la femme qui porte les bidons. Ce qui fait que notre « technologie rematérialisée » nous plonge jusqu'au magdalénien. Certains ont déjà compris cet éternel retour. Candide a perdu son jardin. Il ne faut jamais oublier ce risque et le fait que l'homme devient pour le bien et le mal, lui-même un mécanisme. Il y a donc un fil directeur aux polyvalences dont chacune possède sa culture et son langage.

Or, c'est par *l'école, l'université, la formation, l'expérimentation, la recherche, la collectivité, la relation avec l'ailleurs* que se constitue un langage qui nous parle car il nous enseigne à nous-mêmes un honnête rapport à notre environnement, à l'autre homme. Que celui-ci soit dit technique, technologique, scientifique, social et même mythologique ne change rien à la question et il faut que ces « projections » restent aussi longtemps qu'on peut, un enjeu opposé à l'oubli, une question qui nous répond quand on l'interroge car sans question, on est simplement mort. Les cimetières sont pleins, il faut des tas de pelleteuses pour trouver un trou aux cadavres superposés et, on ne perd jamais ce mot, permettre aux autres proches d'instaurer un bon « travail du deuil ». La robotique religieuse et technique *va s'occuper de tout* pour les morts d'entre les morts qui se traînent chez les vivants comme des engrenages du temps jamais saisissable, comme le balancier d'une horloge, comme le participant à une EHPAD. On touche semble-t-il enfin au silence et à la solitude d'une technologie minimale. Mais quand elle devient maximale, nous n'avons pas perdu sa dialectique, nous en sentons encore le *sens.*

La technologie s'incarne pour moi dans une « définition dialectique » au sens de Bachelard, elle répond aux ouvertures que l'on a essayées en réponse à une naïveté de bon aloi. Il y a du sens dans le non-sens, du silence dans une parole, de l'erreur dans la perfection, de l'« abstrait-concret » dans la forme, finalement du temps dans son développement ni humaniste, ni moraliste, ni catastrophique, ni masochiste. La technologie étymologique pense la matière comme la matière la pense. Elle n'a aucun besoin de surenchères. Dans notre finitude de l'oubli inexorable, on en a fait un mot trop sublimé et souvent digne de peur, de dérision, mais il y a de la poésie dans son sens. Quand on remonte en son passé, à sa scientificité, à son enracinement dans le travail, aux incarnations du lien entre ordre et progrès puis à sa formidable expression des consommations et communications, à un art cosmique ou charnel, on entrevoit une *discipline des limites et des frontières*, elle engage de manière singulière, un comportement spécifique débouchant sur des rapports nouveaux entre la nature et l'artifice, entre le tout-devant et le tout-derrière, entre l'enthousiasme et la peur, entre les infinis médiatisés et les impératifs sécuritaires, ce que je nomme « technologie » est là, au coin du mur, au carrefour, livrée aux milliardaires, interdite aux noyés. Il y a là un langage à multiples facettes qui ne nous prend ni par le cervelet, ni par le cœur mais par le corps aménagé, vendu ou cédé, qui ne vieillit pas très bien, dont on a pendant des siècles oublié qu'il portait une enfance et dont la femme pouvait rester la mère ou la putain à qui on attribue le « plus vieux métier de l'homme » tandis que le mâle dominant sait si bien faire la guerre et ramasser l'argent. Cette technologie des silences et des extrêmes, des révolutions et des solitudes, cet ensemble consumériste et despotique soigne son virtuel. Ce dernier mot, pris à la lettre, résonne comme un *langage des enfants*. Il est en fait devenu un continent à explorer qui, de manière au moins métaphorique, entretient quelques relations à une nouvelle « enfance ». Ainsi par ce voyage dans ses méandres actuels, avons-nous tenté de signifier que la technologie commande une bonne part de nos magiques incertitudes et de nos réflexes conditionnés, avons-nous posé qu'elle devient un mot qui ouvre sur notre miroir avec ou sans tain mais qui déforme techniquement la symétrie de notre portrait : ainsi reflète-t-elle un *style de vie et de mort*.

COMMENT L'INDUSTRIE PEUT-ELLE ÊTRE MORALE ? ESQUISSE POUR UNE AUTRE HISTOIRE DE L'ÉTAT-PROVIDENCE

Antoine Bocquet

Introduction : la justice dans une société affectée par la division du travail

La question de la division du travail déborde largement celle de l'organisation du travail dans l'industrie. Au lendemain de la Révolution française, sa dimension morale et politique apparaît sous une lumière particulièrement crue, car le droit dont la société s'est dotée est impuissant à comprendre ce qui se cherche sous la forme nouvelle qu'affectent les rapports humains. Les Droits de l'homme qui affirment l'égalité de tous devant la loi, parce qu'ils comprennent cette égalité sur la seule base de la préservation de la liberté individuelle, ne semblent pouvoir justifier ni le principe d'une obéissance des pauvres aux riches, ni celui d'une dette des riches à l'égard des pauvres qui pourrait fonder un droit social[1]. C'est une des raisons pour lesquelles la question récente de l'industrie et celle, beaucoup plus ancienne, de la pauvreté humaine apparaissent alors comme un paradoxe,

[1] Frédéric Brahami, *La raison du peuple*, Paris, Les Belles Lettres, 2016, p. 179, p. 280.

que les contemporains désignent par l'expression de « question sociale ».

Avant que la sociologie ne prenne explicitement pour objet le paradoxe moral de la division du travail, avec l'ambition d'éclairer par la science la régulation encore mal consciente de soi qui se cherche à travers elle, il fut à la source de la réflexion des philanthropes du premier XIXe siècle, et la conscience qu'ils en prirent gouverna les inventions institutionnelles qui furent les leurs. Est-il possible d'explorer plus avant ce paradoxe, en en cherchant la description chez un acteur direct du drame ? Particulièrement significatif serait, à cet égard, le cas de Joseph-Marie de Gérando. Né à Lyon en 1772, mort à Paris en 1842, il fut un personnage central dans l'administration de la France de l'Empire et de la Restauration : conseiller d'État, membre éminent de plusieurs institutions charitables, mais aussi théoricien, auteur de plusieurs synthèses sur la bienfaisance publique, premier professeur et fondateur du droit administratif français.

Ce qui fait l'originalité de Gérando par rapport à nombre de ses contemporains, c'est que, pour lui, l'industrie n'est pas productrice de démoralisation, une démoralisation que l'État devrait combattre par des mesures de défense sociale. Non sans difficultés, de nouvelles règles tendent au contraire à s'y former, et les obstacles mêmes qui s'opposent à cette formation marquent le besoin d'une juste administration de la société affectée par l'industrie. C'est ce que met parfaitement en lumière une remarquable brochure issue d'un travail primé par la Société industrielle de Mulhouse, et publiée par Gérando en 1841 : *Des Progrès de l'industrie, considérés dans leurs rapports avec la moralité de la classe ouvrière*.

Le potentiel moralisateur de l'industrie

Dans le contexte d'une « extension toujours plus gigantesque » des manufactures, se dessine « la question de l'avenir pour la société européenne » : *la civilisation peut-elle allier le perfectionnement moral à l'accroissement du bien-être physique de l'homme ?*[2]

Or, toute une part de l'opinion savante[3] considère les progrès de l'industrie comme une source de démoralisation pour la classe ouvrière. C'est cette opinion que Gérando s'attache à combattre. Elle n'est au fond que le reflet savant de l'indifférence propre aux chefs industriels qui croient pouvoir traiter la « foule des ouvriers » comme des instruments de la machine industrielle à faire des profits, sans se soucier du sens moral de leur activité commune. À cette attitude des chefs, répond en écho la tendance du mouvement ouvrier à former des coalitions défensives afin de faire face à la situation. En sorte que, si crise il y a, elle ne saurait être imputée ni à l'industrie, ni à la seule classe ouvrière.

Gérando s'élève d'abord contre le préjugé de la démoralisation de la classe ouvrière en cherchant son information dans la statistique criminelle, qui semble indiquer que les catégories sociales qui fournissent le plus de délinquants viennent des professions dites libérales et non des classes laborieuses. D'une façon générale, il paraît impossible de conclure à l'immoralité actuelle des classes ouvrières[4]. Ainsi, Gérando récuse le terme même d'*industrialisme*, qui paraît condamner l'industrie pour des inconvénients dont elle ne

---

2 *Des progrès de l'industrie*, p. 6.

3 Gérando prend son information chez Villeneuve-Bargemont, Morogues, Frégier, Villermé, Parent-Duchâtelet.

4 *Des progrès de l'industrie*, p. 30.

saurait être la seule responsable[5]. S'il est indéniable que les circonstances actuelles rendent les inégalités de fortune insupportables aux ouvriers, c'est plutôt qu'elles tendent à oblitérer toute doctrine qui permettrait qu'on envisage, pour l'ordre des relations sociales, une vraie justification.

Mais, en tout ceci, l'industrie n'est pas elle-même en cause. D'abord, pour Gérando, le travail manuel a lui-même une influence salutaire sur le caractère de l'homme[6]. C'est plus vrai encore du travail industriel. Il existe ainsi selon Gérando une « secrète analogie[7] » entre la régularité du travail d'atelier et la discipline morale. Les travaux manufacturiers, parce qu'ils sont exécutés en commun, convient les hommes à s'entendre et à s'assister mutuellement. Parce qu'ils sont ouverts au perfectionnement technique, ils créent une émulation. L'atelier affecte même dans son organisation, parce qu'il rassemble des travailleurs aux fonctions différentes, une analogie avec l'organisation de la société générale. Il semble même, l'auteur le suggère encore, que l'atelier seul parvienne à donner une forme sensible à cette organisation globale qui, pour être saisie à l'échelle de la société entière, demanderait un effort particulier d'imagination.

La division des métiers, si elle est organisée, n'exclut donc pas l'harmonie, car la subordination des individus y est inséparable d'obligations réciproques entre les ouvriers, entre les ouvriers et leurs chefs, obligations mutuelles qui seules peuvent justifier la subordination. Mais, comme on voit, l'influence salutaire des

---

5 *Ibid.*, p. 129.

6 C'est là un trait d'une philosophie morale qui ne flétrit pas le travail manuel, et conduit même logiquement à récuser l'opposition du manuel et de l'intellectuel. On le trouve formulé par Gérando dès son traité *Du perfectionnement moral, ou de l'éducation de soi-même* (1824).

7 *Des progrès de l'industrie*, p. 42.

ateliers est soumise à des conditions. Il y a en effet deux genres de servilité produits par les formes modernes de l'industrie : celle qui assujettit l'ouvrier au genre de travail industriel, en lui dictant le rythme de la machine, par exemple, celui des métiers à tisser à vapeur, ou en fractionnant son activité. Mais surtout, il y a cette servitude à laquelle l'expose le désordre de la foule des individus, ouvriers ou chefs, avec qui il est en contact dans la fabrique.

Ici, la grande originalité de Gérando par rapport à ses nombreux contemporains contempteurs de la division du travail, est de considérer que le premier genre de servitude – celui qui lie l'ouvrier à la matière – tend précisément à être estompé par les progrès de l'industrie[8]. D'abord, l'ordre, dans l'atelier lui-même et dans la façon dont il organise le jeu de l'activité humaine, la transformation opérée par le travail sur un matériau d'abord informe, tout cela laisse une impression de grandeur et d'harmonie. L'ouvrier, loin de se sentir comme un faible rouage de la machine se pénétrera d'admiration et de fierté pour les liens qui l'unissent à ce système[9].

L'industrie, qui tend toujours de plus en plus à faire dominer l'homme sur la matière, contribue, en se perfectionnant, à faire prévaloir la part de l'intelligence sur l'usage des forces physiques des ouvriers :

« Il semble donc que, par l'effet de cette révolution qui s'opère, la classe ouvrière est appelée à une destinée plus noble, et

8 François Vatin a fortement insisté sur ce point dans « Gérando, penseur du salariat », *in* Jean-Luc Chappey, Carole Christen, Igor Moullier (dir.), *Joseph-Marie de Gérando (1772-1842), Connaître et réformer la société*, Presses universitaires de Rennes, Rennes, 2014, p. 289 sq.

9 *Des progrès de l'industrie*, p. 45-46.

doit s'élever de jour en jour à des fonctions plus dignes de la créature intelligente et sensible[10] ».

L'ouvrier, cessant de faire partie des forces motrices, les maîtrisera et les dirigera de plus en plus. Les opérations monotones étant les plus facilement mécanisables, l'ouvrier se réservera les opérations les plus variées et les moins monotones.

Ambiguïté de l'émancipation du travail

Reste à comprendre les éléments qui ont rendu possible le préjugé désigné par le terme « industrialisme ».

Le commerce des ouvriers avec d'autres individus leur fait courir, on l'a dit, le risque d'un genre de *dépendance* autrement plus difficile à conjurer que celui de leur commerce avec la nature matérielle. C'est que la communauté manufacturière n'est au moment où la considère Gérando qu'un simple rassemblement, une foule, où les ouvriers sont entraînés malgré eux. Or, cet effet est entièrement imputable aux modalités selon lesquelles on a appliqué le principe moderne de l'émancipation du travail. La nouvelle législation a libéré avec raison la communauté manufacturière des anciennes corporations de métiers, qui se comportaient en « coalitions intéressées, exclusives, dominatrices »[11]. Mais, et c'est une pensée dominante de la philosophie sociale de Gérando, les modernes sont tombés malades autant et même davantage des remèdes qu'ils ont successivement cru devoir apporter à leurs maux que de ces maux eux-mêmes[12].

---

10 *Ibid.*, p. 51.

11 *Ibid.*, p. 54.

12 *Ibid.*, p. 129.

Ainsi, le travail émancipé par la nouvelle législation a été laissé sans appui, sans protection mutuelle et sans conseil, en sorte que la concentration de la foule dans la fabrique prend désormais la forme de la rivalité des individus[13]. Les ouvriers – les plus fragiles d'entre eux notamment, femmes, enfants, ou encore prolétaires[14] – sont alors exposés au risque d'une servitude nouvelle qui les livre aux passions des individus qu'ils côtoient.

Ainsi, si l'émancipation est le remède que veulent sans ambiguïté les modernes, il est clairement insuffisant. Et il est tout aussi clair que la nocivité du remède est moins en cause ici que l'ambiguïté de son application. L'individu moderne, pour vivre comme individu, doit être non seulement libéré, mais respecté comme individu dans sa liberté. Ce que veulent les modernes, c'est la liberté dans le respect de la personne, et Gérando sait parfaitement distinguer l'individualisme et l'égoïsme[15]. À l'individu qui doit devenir une personne, il faudrait donc un groupe aimant ou bienveillant, conseiller, respectueux, parce que ce groupe doit être *pour l'individu.* Voilà pourquoi les modernes ont supprimé les corporations. Mais voilà aussi comment ils sont allés trop loin dans l'application de leur thérapie. Car, en séparant l'individu du groupe, on a accompli cette opération ambiguë d'à la fois le libérer de l'oppression et le séparer de la bienveillance. Et voilà comment le même remède qui a émancipé l'individu était lourd du désordre, de la concurrence, laissant l'individu seul dans un groupe qui le presse.

Mais il y a plus, car la bienveillance dont on a ainsi privé la vie du groupe fait sentir son manque non seulement dans la structure interne du groupe, mais aussi dans les rapports qu'il

13 *Ibid.*, p. 55.

14 C'est-à-dire ceux qui n'ont que leur main-d'œuvre à salarier (*ibid.*, p. 58).

15 *Du perfectionnement moral*, vol. I, p. 198-199.

entretient aux autres. C'est justement où s'accuse la profondeur de la crise moderne. On ne saurait dire en effet que la morale ait manqué à l'industrie. Les individus exposés au rapport industriel – patrons et ouvriers – n'ont en effet pas attendu le philanthrope pour réagir à la crise. Ni la sollicitude des moralistes et des hygiénistes, inquiets, comme on l'a vu, des effets de la nouvelle division du travail, ni, surtout, les efforts de ressaisissement internes au monde industriel n'ont ici fait défaut. Pourtant, les efforts de moralisation sont loin d'être aboutis, et l'industrie s'est rendue malade une seconde fois par ses propres remèdes. C'est que la riposte ne s'est pas libérée complètement des termes de la crise elle-même. Et le philanthrope adresse ses critiques symétriques à l'indifférence patronale et aux réactions ouvrières. Du côté des patrons à qui Gérando reproche de ne pas savoir lever les yeux « au-dessus de [leur] caisse[16] » pour se soucier de la moralité des gens qu'ils emploient, la chose est assez claire. Mais c'est ce que montre encore, d'une façon en un sens plus dramatique, la réaction ouvrière par les coalitions d'intérêts. Elle a cru, sans qu'on puisse l'en blâmer – et c'est où culmine l'ambiguïté de l'émancipation –, pouvoir employer contre le remède sa propre nocivité, en opposant la concurrence à la concurrence. Mais ce faisant, elle a transposé la concurrence elle-même jusqu'au sein du groupe, l'utilisant comme un principe paradoxal de cohésion contre l'autre groupe, puisqu'il met en danger la moralité du groupe jusque dans son intérieur, en lui offrant de se construire seulement par opposition à ceux qui ne peuvent être au contraire que ses partenaires. Voilà comment, selon la lecture de Gérando, le remède est donc encore potentiellement oppresseur de l'individu non seulement dans le groupe mais aussi hors du groupe, puisque la cohésion du groupe est à ce prix. La réponse aux périls de l'émancipation par la

[16] *Des progrès de l'industrie*, p. 101.

coalition des intérêts ne produit en effet l'individu qu'en l'isolant. Elle isole ceux qui n'ont rien de ceux qui possèdent. Elle ne veut pas l'individu comme tel, en le respectant.

Au danger d'esseulement que court l'individu dans la foule industrielle, la riposte des ouvriers, combinée à l'indifférence des riches, risque donc de substituer un danger d'isolement, qui apparaît plus périlleux encore à Gérando puisqu'il offre à l'individu de se construire en voyant un ennemi chez l'autre. Du côté de l'indifférence patronale, du côté des réactions ouvrières, se marque ainsi également le défaut de régulation dont souffre le principe moderne de l'émancipation.

Les ressources morales de la société industrielle

Des effets pervers du nouveau droit, il faut cependant accuser la désorganisation même de l'industrie plus que les progrès de la division du travail et que les passions qu'elle suscite parmi les individus qu'elle met en contact. De là, la double riposte envisagée par les philanthropes : l'intervention de l'État, laquelle implique en même temps une compréhension plus aiguë de sa fonction d'administration – et, à vrai dire, une compréhension entièrement renouvelée de la fonction de l'État dans la société moderne –, et ce que le XIXe siècle appelle le patronage. À une autre compréhension des désordres de la division du travail mais aussi de son potentiel moral correspond en effet chez les spiritualistes une autre compréhension de l'État. L'enjeu est moins ici, comme l'ont cru les solidaristes[17], d'opposer une

[17] Célestin Bouglé, « Note sur les origines chrétiennes du solidarisme », in *Revue de métaphysique et de morale*, 1906, t. XIV : la crainte des réformes légales n'aurait pas été étrangère, selon Bouglé, au « culte gardé par beaucoup de privilégiés à l'indépendance sacrée de la bienfaisance » (*op. cit.*, p. 263).

morale que les philanthropes auraient voulu indépendante, à un droit qui aurait pu être contraignant, que d'opposer deux compréhensions du principe moderne d'émancipation et deux compréhensions de l'État : l'État des philanthropes n'a pas pour but de forcer les gens à être libres, il est à la fois plus doux dans ses moyens et plus grandiose dans ses ambitions, il est l'État qui doit contribuer – par l'enquête et la publicité – à moraliser effectivement les rapports sociaux.

— **L'État administratif** – L'autorité publique, note d'abord Gérando, est actuellement trop peu consciente de sa propre fonction : elle a, en matière de réforme morale, beaucoup plus d'action qu'elle ne pense. Elle peut et elle doit conjurer les excès d'une nouvelle législation qui, dans son désir d'émanciper le travail, s'est interdit de s'immiscer dans le régime intérieur des ateliers. Au moment où Gérando écrit, l'opinion reconnaît particulièrement cette nécessité en ce qui concerne le travail des enfants[18].

On ne peut en effet, en cette matière, compter sur les industriels pour se modérer eux-mêmes. C'est, là encore, la concurrence qui joue, cette fois-ci contre les chefs qui prendraient l'initiative personnelle de réformer les choses, démarche qui les signalerait à la malveillance de leurs concurrents. Ici, tout recours à la persuasion serait donc de nul effet[19]. Ainsi, l'intervention étatique est rendue nécessaire par un système concurrentiel qui bloque à lui seul l'opération des ressorts normaux de la morale. Car la morale opère normalement, selon Gérando, dans la vie des groupes, le groupe domestique, d'abord, qui est pourvoyeur, au moins

---

[18] La question fait alors l'objet de débats parlementaires qui aboutiront à la loi du 22 mars 1841 sur le travail des enfants employés dans les manufactures, usines ou ateliers.

[19] *Des progrès de l'industrie*, p. 73.

virtuellement, de règles. Mais ce pourrait être le cas aussi, et même éminemment, de ce milieu social en attente d'organisation qu'est l'exploitation industrielle. Reste que la valeur moralisatrice de la famille pour l'enfant n'est pas sans condition ; elle est en fait toute à construire :

« La meilleure éducation – dit Gérando – est celle qui est reçue au sein de la famille, lorsque la famille est unie par l'affection, et conserve les traditions de la vertu ; mais elle n'est bonne qu'à cette condition[20] ».

Dans ces circonstances, la manufacture bien ordonnée pourrait devenir un refuge contre la mauvaise famille.

La famille elle-même en serait moralisée en retour. Car Gérando pense que la réglementation du travail des enfants, pour étroit que semble d'abord être son point d'application, aura un effet qui ira s'élargissant à d'autres dimensions des relations sociales au sein et hors de la manufacture. Ainsi, l'attention à apporter à la place des enfants dans la fabrique demande que toute l'organisation architecturale et temporelle de la vie d'usine soit réfléchie, en vue de faciliter la surveillance des lieux où les enfants sont en rapport avec les adultes, de réprimer les éventuels désordres, de répartir convenablement les heures de repos et celles qui sont consacrées à l'école, de vérifier dans quelle condition les enfants ont été admis dans les ateliers, de s'assurer qu'ils reçoivent bien l'éducation exigée[21].

Il est clair que le but de ces projets de réforme n'est pas seulement de trouver comment extraire le maximum de travail des ouvriers par le biais de leur auto-surveillance. De même, la publicité et l'affichage des règlements qui auront été visés par

---

20 *Ibid.*, p. 91.

21 *Ibid.*, p. 75-76.

l'autorité, mesure que Gérando appelle d'ailleurs de ses vœux[22], ne sont pas seulement l'instrument de l'intériorisation des règles. Ils sont, avec cela, l'instrument de la moralisation des rapports des individus dans et même au-delà de la fabrique.

Pour Gérando, l'industrie, pas plus que l'émancipation générale ne font donc directement courir aux relations sociales le risque d'une dissolution[23]. Elles présentent plutôt une chance de salut pour les solidarités existantes. La production de cette plus-value morale du travail, par laquelle seraient progressivement révélées toutes les dimensions de l'individu humain, au-delà de son identité de producteur[24], est l'objet même de la pensée étatique des philanthropes de la Restauration. Le corollaire de cette pensée est que l'État dont il s'agit ici ne saurait être l'État sécuritaire, le répresseur des atteintes à la propriété, le garant de la vie individuelle et le promoteur de l'individu propriétaire. Il est, bien plutôt, l'État social qui doit contribuer à ce que se forment, pour le dire le plus simplement possible, des individus respectueux d'eux-mêmes et des autres[25].

— **Le patronage philanthropique** – Le rôle qui est assigné par les philanthropes au patronage, quoique complémentaire de

---

22 *Ibid.*, p. 77.

23 Gérando vante l'« immense bienfait » de l'émancipation générale (*ibid.*, p. 116).

24 Il n'y a d'ailleurs aucune raison d'exclure de cet effort de moralisation les chefs d'industrie et les classes aisées, et c'est ce que n'a garde de faire Gérando, dans ce texte, comme dans le *Visiteur du pauvre* (1820). L'inspiration fondamentale de cette philanthropie est marquée par la symétrie du point de vue : tous les passages qui, en elle, nous semblent les plus datés sont précisément ceux où cette inspiration est subordonnée à d'autres considérations.

25 Idée que retrouvera Durkheim dans ses *Leçons de sociologie*, quand il montrera que l'État moderne seul peut sauver l'individu vulnérable du despotisme des sous-groupes (famille ou groupe professionnel).

celui de l'autorité publique, est d'un autre ordre que lui. C'est que les classes industrielles, en plus de règlements, ont besoin de comprendre les raisons de leur interdépendance, tâche de connaissance et de conseil pour laquelle le droit n'est d'aucun secours. Tel est le rôle que pourrait jouer, sous certaines conditions, une classe de patrons philanthropes.

D'abord, leur action ne pourrait prendre que la forme du conseil bienveillant, un conseil dont l'autorité ne pourrait provenir que d'une connaissance réelle de ce à propos de quoi il s'exerce. Ce qui supposerait quelque chose comme une enquête sociale, dont un autre ouvrage de Gérando, le *Visiteur du pauvre*, permet de se faire une idée. Ensuite, elle devrait se recruter parmi des individus qui ne seraient agents ni des industriels, ni des ouvriers, ni même directement de l'État, quoique ce dernier ne puisse pas se désintéresser de leur action[26], comme du reste d'aucune des actions des individus impliqués dans le rapport industriel.

Dans la mesure où les principaux désordres à combattre tiennent à la dispersion née de l'opacité des actions des industriels et des ouvriers, c'est en effet en centralisant[27] informations et conseils que le comité de patronage assurerait son effet. Il serait enfin un lieu de réflexion où toutes les questions qui intéressent l'industrie seraient bien mieux approfondies et traitées qu'elles ne pourraient l'être par un seul auteur[28]. Tout ce travail déboucherait sur des ouvrages utiles et des conseils. Et telle pourrait être la fonction – elle-même encore mal consciente de sa propre signification – des bureaux de

[26] Les patrons-visiteurs des pauvres, dans un autre registre, sont eux-mêmes dépendants des bureaux de charité. Gérando, *Le visiteur du pauvre*, 1820.

[27] *Des progrès de l'industrie*, p. 126.

[28] « Si nous obtenions leur création [à ces comités de patronage], nous aurons fait mille fois mieux que ne pourraient tous les livres » (*ibid.*, p. 131).

bienfaisance, et des sociétés d'encouragement que la Restauration voit se développer.

Agir par le conseil, c'est en d'autres termes éduquer des individus libres. Voilà pourquoi Gérando estime que *le véritable préservatif à la crise industrielle* ne saurait être, dans cette perspective qui est celle d'une société individualiste, qu'une éducation morale et religieuse de la classe ouvrière. L'effet espéré du patronage n'est pourtant pas seulement de réunir la multitude des ouvriers à la société générale[29], mais d'intéresser l'ensemble des classes industrielles, ouvriers et chefs compris, à la vie politique du tout, à la vie vraiment politique, devrait-on dire, à celle qui, jusque dans leurs conflits, réclame leur collaboration à tous, et dont le jeu électoral n'offre, selon Gérando, qu'une approximation[30]. L'État, dans la condition de l'émancipation, ne saurait accomplir à leur place le salut moral des individus ; mais il ne saurait non plus favoriser comme il faut cette tâche s'il était indifférent à l'action des aides qui le relaient dans cette fonction. Le patron philanthrope – où on ne peut s'empêcher de voir une préfiguration du sociologue – apparaît dans ces conditions comme le relais mais aussi comme l'aiguillon indispensables d'un État dont la « raison » est devenue l'individu lui-même[31].

---

29 *Ibid.*, p. 118.

30 Les élections donnent en effet selon Gérando une audience exagérée à une mauvaise catégorie d'intermédiaires : de « beaux esprits », capables de régner dans les cabarets, et auxquels les affaires municipales donnent plus d'importance encore (*ibid.*, p. 64, p. 66).

31 Francesco Callegaro, *La science politique des modernes*, Paris, Economica, 2015, p. 224.

Conclusion : l'origine philanthropique de l'État social

L'État qui se dessine avec les philanthropes n'a donc rien à voir avec l'État-providence, lequel n'est pas incompatible avec le despotisme, comme l'a indiqué Tocqueville, en montrant qu'une société ne peut se soucier exclusivement de son bien-être sans risque pour sa liberté. Les remèdes appelés par les dérives du capitalisme naissant semblaient alors devoir être trouvés dans une réflexion sur le véritable bien. Pour Gérando, seconder la formulation de ce « bien » paraissait être précisément ce que rendait pour la première fois possible un État administratif centralisé comme celui que la France avait hérité moins du despotisme d'Ancien Régime que de la Révolution elle-même, la centralisation étant précisément pour Gérando cette opération – propre à la Révolution et à l'Empire – par laquelle l'État en France avait changé de nature[32]. La métamorphose de l'État qu'implique cette opération se lit dans les ambitions beaucoup plus hautes qu'il peut alors afficher : celles d'être l'État social, c'est-à-dire celui qui s'attache à promouvoir les véritables aspirations sociales, non celles que les idéologies modernes, quelle qu'en soit la version, disent d'avance être celles de la société, richesse, préservation de la propriété, pouvoir. Les vraies ambitions sociales réclament d'être connues, reconnues, donc appellent l'enquête sociale[33]. Mais elles veulent simultanément

---

32 Gérando, article « Centralisation », in *Encyclopédie des gens du monde, Répertoire universel des sciences, des lettres et des arts : avec des notices sur les principales familles historiques et sur les personnages célèbres, morts et vivants ; par une société de savants, de littérateurs et d'artistes français et étrangers*, Paris, Treuttel et Würtz, 1835, p. 238-243.

33 Et Gérando perçoit très bien dans le *Visiteur du pauvre* que l'enquête sociale ne peut être simple enregistrement de signes prétendument révélateurs des identités sociales.

être élaborées collectivement à travers des pratiques de justice dont l'organisation des secours publics ou encore la régulation des rapports à l'intérieur des fabriques – deux situations où le patronage devrait jouer le rôle d'une interface majeure – sont vues comme la condition de possibilité.

On peut même se demander si les dispositifs inventés par les philanthropes n'ont pas poursuivi leur carrière secrètement, au-delà de leur apparent effacement. La forme étatique, telle qu'elle est pensée par eux, n'est-ce pas l'État moderne comme il a fonctionné bon an mal an ? Durkheim signale lui-même, dans ses *Leçons de sociologie*, que, malgré ou peut-être grâce à son côté conservateur, l'administration avait rendu d'immenses services à la vie démocratique française, conjurant le danger auquel l'exposait un autre formalisme, celui du système représentatif : c'est que, comme interface de contact entre les individus et les agents de l'État qui ne cessent pas pour cela d'être leurs concitoyens, l'administration était en même temps une chance d'une mise en délibération des décisions étatiques que n'assurait plus la « liberté des modernes ». La tentative des philanthropes d'institutionnaliser le patronage avait au fond été gouvernée par le souhait de maximiser le potentiel moral d'une telle interface, et de rendre plus conscient de lui-même cet important rouage de l'État administratif.

Ce qui est aujourd'hui en crise est moins l'ambition extrêmement haute qui était assignée à ce dispositif par ceux qui s'étaient donné comme but l'amour de l'humanité, que la symbolisation politique de ces ambitions dans les démocraties représentatives, diagnostic dont on a vu qu'il n'avait pas échappé aux philanthropes. – Il est vrai, enfin, que les ouvriers n'ont pas pu adhérer à l'institution du patronage qui leur semblait offrir trop peu d'espace pour leur propre parole. Mais il est plus significatif encore qu'ils n'aient pas alors méprisé les ambitions qui étaient les siennes, comme le montre le compte-rendu attentif que le journal ouvrier « l'Atelier » donnait des *Progrès de l'industrie*, en 1845, trois ans après la mort de Gérando. Étaient rejetés, non pas les ambitions, mais les moyens : le patronage de classes supérieures, encore si loin de se rendre moralement et intellectuellement dignes d'un tel rôle, et ce, de l'aveu même de Gérando que les ouvriers rédacteurs de « l'Atelier » renvoyaient aux tensions de son propre discours. Au XIXe siècle, socialistes et philanthropes, tous ont eu l'intuition que l'industrie appelle, contribue à former, et en même temps ne peut faire l'économie de la question de son propre salut moral et que, par-là, la « société industrielle » se pose d'autres questions que celles qu'elle peut résoudre.

TECHNIQUES ET STRATÉGIES, L'AUTOMATE, LE JEU…

Bruno Jacomy

Cette communication est née non d'une recherche approfondie sur les liens pouvant unir le jeu et les techniques, mais d'un simple constat. Au cours de nombreuses années passées dans l'univers historique des machines, des techniques et des hommes, je me suis trouvé à maintes reprises en face de la question des motivations profondes qui peuvent conduire des ingénieurs, techniciens ou inventeurs à mettre au point des solutions nouvelles, à améliorer des techniques existantes ou à imaginer des procédés inédits, plus ou moins réalisables pour certains. Et il m'a semblé que cette activité avait bien des points communs avec le plaisir du jeu, de la quête, voire de l'enquête policière.

Peu d'auteurs se sont intéressés à la question ; l'historien néerlandais Johan Huizinga[1] s'est jadis penché sur le jeu et ses

[1] Johan Huizinga, *Homo ludens, essai sur la fonction sociale du jeu*, traduit par Cécile Seresia, Paris, Gallimard, 1988, 340 p. (1re éd. en 1951). Hormis l'approche culturelle générale de Huizinga, il n'existe que des études par période ou thématiques, tels Philippe Ariès, Jean-Claude Margolin (dir.), *Les Jeux à la Renaissance : actes du XXIIIe Colloque international d'études humanistes*, Paris, J. Vrin, 1982, 736-XXIII p.

implications sociales, mais il n'accorde aux techniques qu'une part insignifiante.

Le jeu comme apprentissage de la technique

Les responsables de ludothèques ont élaboré, dès les années 1980, une méthode de classement des jouets et jeux d'enfants leur permettant d'organiser leur matériel et leurs activités. Ils distinguent, sous l'acronyme ESAR[2] :

— les jeux d'exercice ;

— les jeux symboliques ;

— les jeux d'assemblage ;

— les jeux de règles.

À part les derniers, qui sont destinés à des enfants âgés d'au moins 6 ans, les autres participent à leur éveil dès un à trois ans. On imagine aisément combien ces jeux participent activement à la maîtrise du monde qui les entoure, et donc à la mise en place d'une culture technique, qui sera plus ou moins développée selon le milieu, l'origine sociale ou les compétences naturelles de l'enfant.

En tout état de cause, le jeu et les techniques sont intimement liés dans l'éducation des individus comme dans l'histoire des hommes en général. Sur une boîte de Meccano datant de 1901, on peut lire cette phrase publicitaire : « Engineering for Boys » ; cela nous situe d'emblée dans une époque, le tournant du XXe siècle, où la mécanique est encore la technique reine et où

---

2 Système de classification des jeux développé au Québec en 1982 par Denise Garon et complété par Rolande Filion et Manon Doucet. Voir Odile Périno, *Des espaces pour jouer : pourquoi les concevoir ? comment les aménager ?* Toulouse, France, Érès, 2014, et notamment l'annexe 1, « Classement des objets ludiques (col) », p. 209.

seuls les petits garçons sont appelés à devenir des ingénieurs mécaniciens. Aujourd'hui, les jeux d'éveil sensoriel, de motricité, d'agencement ou de fabrication sont destinés aux garçons comme aux filles et l'éventail des techniques « mises en jeu » est considérablement plus vaste qu'il y a un siècle.

Ce qui reste constant malgré tout, c'est la maîtrise du geste par l'exercice, l'expérimentation de phénomènes physiques ou chimiques, la maîtrise des machines et outils dont on ne peut se passer, finalement l'acquisition d'une *culture technique* au sens où l'entend Philippe Roqueplo, c'est-à-dire « l'ensemble des connaissances et savoir-faire nécessaires à tout un chacun pour s'approprier et maîtriser son propre environnement[3] ».

Dans cette phase d'apprentissage, la part des jeux symboliques et des jeux de règles est non moins importante. Par la compréhension des combinaisons, de la stratégie, par l'acquisition d'un esprit de compétition, on voit aussi se dessiner les grands traits de ce que nous appelons l'*innovation*, au sens d'une invention capable d'occuper une place dans notre société.

Nous allons voir successivement comment la technique elle-même peut être considérée comme un jeu, comment la mise en scène des techniques occupe toujours une place centrale dans leur diffusion, combien le jeu et la guerre sont liés par de nombreux points communs et, finalement, nous verrons comment le jeu a souvent été, dans notre histoire, un moteur de l'innovation.

---

3 Philippe Roqueplo, *Penser la technique*, Paris, Éd. du Seuil, 1983, p. 38.

La technique comme un jeu

Quand on découvre dans un musée ou chez un antiquaire une étonnante pièce de bois tourné composée de « dix sphères concentriques renfermant une étoile », telles celles réalisées par François Barreau (1731-1814) à la fin du XVIIIe siècle[4], on imagine aisément que ce qui motive ce tourneur avignonnais, ce n'est pas une simple exigence utilitaire, mais la volonté de réaliser de véritables prouesses techniques, de montrer son extraordinaire savoir-faire. L'esprit de compétition n'est pas étranger à ce type de pratiques, proche des chefs-d'œuvre des compagnons, d'autant que, si le grand public peut être émerveillé par l'objet, seuls les connaisseurs sauront apprécier la qualité de la réalisation à sa juste valeur. La salle dédiée à la mécanique au musée des Arts et Métiers recèle plusieurs pièces qui méritent d'entrer dans cette catégorie des « prouesses techniques ».

Le plaisir du mécanicien peut être également décelé dans ce qu'on pourrait appeler la recherche de la « belle solution ». C'est le cas des modèles issus des travaux du technologue allemand Franz Reuleaux (1829-1905) au XIXe siècle, ainsi que ceux d'autres mécaniciens passionnés par la cinématique, comme, plus tôt encore, l'ingénieur suédois Christopher Polhem (1661-1751) et son alphabet mécanique. Cette science du mouvement a bien pour objectif de trouver des solutions pratiques à des problèmes bien réels, tels que la commande des tiroirs des machines à vapeur ou celle des outils des tours à décolleter. Mais quand on regarde en mouvement, dans cette salle de la mécanique du musée des Arts et Métiers, le mécanisme

---

4 Alain Mercier, « François Barreau, un tourneur virtuose », *L'Estampille*, n° 233, 1990, p. 64-73.

de transmission[5] entre deux arbres parallèles conçu par Reuleaux, il est évident que la quête de la solution élégante, la conception d'un dispositif totalement inédit sont guidées par un véritable goût du jeu. On imagine aisément que ce goût est aussi partagé par Jakob Peter Schröder (1791-1887), professeur au Polytechnisches Arbeitsinstitut de Darmstadt, quand il réalise ses « courbes roulantes[6] », traduction pratique de problèmes géométriques appliqués à la mécanique. On peut également découvrir, au musée des Arts et Métiers, un superbe modèle[7] du XVIIIe siècle, qui n'a bien entendu d'autre fonction que de mettre en jeu un catalogue des techniques hydrauliques, avec notamment des engrenages et des vis d'Archimède. C'est bien d'un jouet qu'il s'agit, mais d'un jouet pour adultes.

Si la technique peut être considérée comme un jeu pour celui qui la conçoit, elle peut également être mise en pratique dans le but de créer une surprise, voire une mystification comme dans le cas des automates. Si le siècle de l'*Encyclopédie* a produit, avec l'engouement des cabinets de physique, nombre d'automates et de mécanismes de ce type, la tradition est bien plus ancienne, remontant au Moyen Âge, avec les machines d'al-Jazari[8], voire aux automates de l'Antiquité tels ceux d'Héron d'Alexandrie, sans oublier les automates hydrauliques réalisés pour le prince-

5 Transmission de mouvement entre deux arbres parallèles par manivelles anti-rotatives à fourchettes. Inv. F. Reuleaux, constr. J. Digeon. 2nde moitié du XIXe siècle (musée des Arts et Métiers, inv. 9816-1).

6 Voir en particulier le modèle de courbes roulantes dentées à cadre et roues quadrilobées, milieu du XIXe siècle (musée des Arts et Métiers, inv. 7782).

7 Modèle démontrant la théorie des pompes : vis hydrauliques mises en mouvement par des engrenages (musée des Arts et Métiers, inv. 426).

8 Ibn al-Razzaz al-Jazari, *Livre de la connaissance des procédés mécaniques*, 1206. Voir notamment, dans Ahmed Djebbar (dir.), *L'âge d'or des sciences arabes*, Arles, Actes Sud, Paris, Institut du monde arabe, 2005, « La mécanique arabe », p. 213-219.

archevêque Marcus Sittikus au château d'Hellbrunn, en Autriche sur les modèles de Salomon de Caus (1576-1625)[9], seuls automates de cette époque aujourd'hui encore en activité.

Mais on se rend bien compte, en découvrant ces automates, que ceux-ci ne sont plus seulement des jouets pour un usage individuel, mais de véritables objets de spectacle.

Les techniques mises en scène

Pour en revenir à la classification des jeux à laquelle je faisais référence en ouverture, la catégorie des jeux symboliques est essentielle dans la construction sociale de l'enfant, celui-ci étant mis, par ces jouets, en situation d'acteur, voire de metteur en scène. En jouant avec les animaux de la ferme, la cuisine jouet ou le déguisement de policier, il se projette dans une situation bien précise, prêt à vivre des événements qu'il pourra éventuellement retrouver plus tard.

On peut considérer que la mise en scène des techniques est indissociable de leur histoire même. Qu'il s'agisse des automates antiques, des machines étonnantes dessinées dans les théâtres de machines du XVe au XVIIe siècle ou des cabinets de curiosités puis de physique au XVIIIe siècle, la technique est constamment l'objet de scénarisation[10].

Les présentations d'expériences d'électrostatique dans le cabinet de l'abbé Nollet (1700-1770), par exemple, jouent sur un double tableau. D'un côté, les effets spectaculaires sont mis à

---

9 Salomon de Caus, *Les raisons des forces mouvantes [...]*, Paris, H. Droüart, 1624.

10 Voir notamment Bruno Jacomy, « Le théâtre de la curiosité », *Dans la chambre des merveilles*, Paris, Lyon, Flammarion, musée des Confluences, 2014, p. 12-21.

profit pour créer des illusions ou montrer des phénomènes difficiles à comprendre, qu'une explication – parfois erronée – viendra éclairer. Ces cabinets, très prisés au XVIIIe siècle et successeurs des cabinets de curiosités du XVIIe siècle, préfigurent eux-mêmes l'engouement pour les expositions universelles du XIXe.

Au sein de ces dernières, d'ailleurs, la dimension ludique est loin d'être absente et, si le public y accourt si nombreux, c'est pour découvrir des nouveautés étonnantes. C'est notamment le cas du coup de théâtre d'Elisha Graves Otis, en 1853, au Crystal Palace de New York, lorsqu'il fait la démonstration de l'efficacité de son système de parachute pour ascenseur. Ainsi, pour prouver la fiabilité de ses appareils, Otis imagine un véritable show. Il installe, au centre du grand hall de l'exposition, un monte-charge avec son bâti et le plateau supportant la charge, suspendu à la partie supérieure par un solide câble textile. L'homme d'affaires est debout sur le plateau et, au signal, un ouvrier sectionne le câble à l'aide d'un poignard. L'engin est lâché mais, aussitôt, le dispositif que l'inventeur nomme le « parachute de sécurité », entre en action. De puissantes griffes viennent s'enfoncer dans les guides en bois et bloquent la cabine. Grâce à son invention, Otis prouve que l'on peut éviter des accidents mortels. Cette démonstration lui a valu une publicité planétaire. Certes, la peur des ascenseurs n'est pas aussi sensible en Europe qu'elle put l'être dans l'Amérique des gratte-ciels, mais face à l'appréhension des usagers, Otis a joué la carte de la pédagogie, en s'impliquant lui-même dans sa démonstration.

De même, on peut faire entrer dans le chapitre de ces mises en spectacle le *Théâtrophone* que Clément Ader présente à l'Exposition universelle de Paris en 1889 ou bien encore, en 1893, la grande roue de George Washington Gale Ferris Jr., haute de 80 mètres et pouvant embarquer plus de 2 000 personnes, que le public américain découvre à l'Exposition universelle de Chicago.

Comme pour les prouesses de tourneurs évoquées plus haut, ces présentations ont un double public : d'une part, les badauds étonnés devant l'apparent mystère du phénomène, d'autre part, les ingénieurs et techniciens, qui découvrent des innovations profitables.

Je ne voudrais pas évoquer la mise en scène des techniques sans m'arrêter un instant, étant donné ma propre expérience, sur le musée comme institution emblématique. L'image de l'artiste et scientifique américain Charles Willson Peale, dévoilant les collections de son musée d'un geste à la fois fier et accueillant, est tout à fait représentative. L'autoportrait de 1822 intitulé *L'artiste dans son musée*[11] nous offre en effet à la fois une image du musée que C. W. Peale créa à Philadelphie en 1784 et une mise en scène théâtralisée de ce même musée, avec son rideau rouge, ses spécimens sagement rangés dans les vitrines et son squelette géant à peine visible derrière le maître des lieux. Peale nous invite à entrer dans ce monde artificiel qu'il a créé dans le but de rendre les visiteurs « tranquillement amusés et certainement instruits[12]. »

Le conservateur qui arrange des objets techniques dans les vitrines d'une salle d'exposition ne fait pas une simple installation. Il dispose les collections de telle manière que le visiteur soit éclairé, étonné, voire choqué, comme dans cette présentation d'un accélérateur de particules à proximité de

---

11 Charles Willson Peale, *L'artiste dans son musée*, 1822. Philadelphie, Pennsylvania Academy of the Fine Arts.

12 Joel J. Orosz, *Curators and Culture, the Museum movement in America, 1740-1870*, 1990, p. 85, cité par Miriam Levin, « Histoire et enjeux des musées », *musée des Arts et Métiers, la Revue*, n° 38, juin 2003, p. 8.

poteries du Maghreb, dans la salle « Sociétés » du Musée des Confluences. La place des objets les uns par rapport aux autres, leur vitrine ou son absence, la hauteur de l'objet, tout concourt à créer un dialogue entre le conservateur et le visiteur par l'entremise de l'objet. En cela, il n'y a aucun caractère de neutralité ou d'objectivité dans la scénographie, comme d'ailleurs dans un tableau ou une gravure.

Dans la toile de Wright of Derby (1734-1797) mettant en scène l'expérience de la mort d'un oiseau dans un globe d'où l'air est extrait[13], l'éclairage en clair-obscur donne à la scène un caractère dramatique appuyé. De même, lorsque dans l'*Encyclopédie* de Diderot, on observe, par exemple, l'illustration de l'article Rouet[14], on se rend bien compte qu'il s'agit d'une mise en scène des personnages dans un univers fictif qui permet au lecteur de mieux comprendre quelles sont les pratiques du métier. L'ouvrier qui tourne la manivelle de la machine à filer semble s'écarter afin que le spectateur puisse mieux observer le fonctionnement de l'appareil ; dans la même pièce, par ailleurs vide de tout superflu, la fileuse au rouet, disposée de trois quarts face au lecteur, nous offre la meilleure disposition possible pour comprendre ses gestes.

N'oublions pas, enfin, la dimension pédagogique d'une mise en scène spectaculaire de la science, comme on le constate toujours au Palais de la Découverte, à Paris.

---

13 Joseph Wright of Derby, *An Experiment on a Bird in the Air Pump*, 1768. Londres, the National Gallery.

14 Denis Diderot, Jean Le Rond d'Alembert (dir.), *Encyclopédie ou dictionnaire raisonné des sciences, arts et métiers*, Paris, Briasson, 1751-1772, Planches, tome IV, pl. 2.

Le jeu et la guerre

Il est sans doute un peu ambitieux de faire un parallèle entre le jeu en général et les techniques guerrières. Ce rapprochement a déjà été fait entre le sport et la guerre, dans l'Antiquité ou au Moyen Âge. Mais si les notions de stratégie, d'honneur, de compétition, d'adversaire, de combat, font partie à la fois du vocabulaire sportif et du vocabulaire militaire, nombre de ces termes ne sont pas étrangers à l'univers des jeux, et pas seulement des jeux du cirque ou des jeux virtuels actuels sur Internet. Lorsqu'on voit, dans les théâtres de machines, des représentations de sièges de places fortes ou, dans les dessins de Léonard de Vinci, des chars armés de faux, on a parfois l'impression que le dessinateur s'amuse, sur le papier, à imaginer des machines et des situations scandaleuses, non réalisées mais finalement dans le champ du possible, compte tenu des techniques de l'époque considérée.

Ce qui relie aussi jeu, guerre et techniques, c'est incontestablement un certain nombre d'objets nés dans un cadre ludique avant d'être utilisés dans le milieu militaire ou, au contraire, des innovations nées dans le cadre de guerres et utilisées ensuite en temps de paix comme techniques civiles. Les cas de l'énergie nucléaire civile ou d'Internet sont bien connus. En revanche, on oublie parfois que le domaine de l'aviation est exemplaire en la matière.

Lorsque Clément Ader, en 1893, décolle dans le parc du château de Gretz-Armainvilliers pour un saut de puce de quelques mètres avec son engin baptisé *Éole*, puis reproduit l'expérience avec son bimoteur, qu'il nomme *Avion*, en 1897, cet événement incroyable reste dans l'ombre. En effet, Ader a dans l'idée de créer un engin volant susceptible d'être utilisé dans un conflit aérien. Ses essais resteront donc secrets pendant plusieurs années. Mais fondamentalement, ce qui poussait l'ingénieur Ader, par ailleurs renommé dans le domaine du téléphone, à se lancer dans l'entreprise hasardeuse de créer un engin volant plus lourd que l'air, n'était-ce pas le jeu, la passion de se mesurer à un vieux mythe antique, l'usage guerrier n'étant qu'un argument pour en justifier l'utilité ?

De même, le cerf-volant, jouet fort apprécié des enfants, a été utilisé, dès le début du XXe siècle, comme moyen d'observation des lignes ennemies grâce à l'adaptation d'un appareil photographique. N'oublions pas non plus la place qu'ont prise aujourd'hui les drones, à la fois dans le domaine des conflits et dans celui des jouets[15].

Une différence notable toutefois tend à opposer jeu et guerre : c'est la question des règles. Dans le jeu, tout le monde doit respecter la « règle du jeu ». En revanche, l'histoire nous montre que toute l'évolution des armes et des systèmes de défense repose sur la transgression systématique des règles communément admises. Je ne prendrai ici que l'exemple du passage des armes de jet à l'artillerie à poudre, qui eut, à la Renaissance, d'importantes retombées. Mais l'on pourrait tout autant prendre des exemples du même type dans les conflits du XXe, voire du XXIe siècle.

Le jeu comme moteur de l'innovation

Au bout du compte, dans plusieurs des exemples cités ici, il apparaît que le jeu a constitué un catalyseur de l'esprit inventif. Le cas des automates, et plus particulièrement la personnalité de Jacques Vaucanson (1709-1782), est emblématique. Connu

[15] Voir à ce sujet le chapitre « Drones », Bruno Jacomy, *Une histoire des techniques*, Paris, Éd. du Seuil, 2e éd., 2015, p. 314-321.

comme créateur et montreur d'automates, Vaucanson a été, pour l'industrie textile du XVIIIe siècle, un ingénieur de grand talent et un inspecteur des manufactures de soie de premier plan.

Tout au long de son parcours, depuis ses études chez les Minimes jusqu'à la conception de machines industrielles fort ingénieuses, le jeu et la technique ont toujours chez lui été concomitants. Entre la construction de ses automates et les réalisations, par exemple, de son métier à tisser automatique, on devine le même esprit d'un ingénieur, qui analyse les gestes humains pour les intégrer dans des dispositifs complexes automatisés.

Fondamentalement, le jeu est le compagnon de la curiosité et il constitue l'un des moteurs principaux des avancées dans les sciences et les techniques. Rappelons-nous la remarque de l'historien arabe Ibn Khaldūn (1332-1406), dans son *Al-Muqaddimat*, en 1377, face à l'émerveillement du peuple à l'égard des réalisations des ingénieurs : « [C'est] par l'application de principes géométriques, d'ailleurs assez répandus [...] que furent bâtis les monuments de l'Antiquité qui sont encore visibles. On croit, à tort, que les constructeurs étaient des géants, à la taille de leurs édifices. Ce n'est pas vrai : ces peuples anciens ont eu seulement recours à la mécanique[16]. »

---

16 Ibn Khaldūn, *Discours sur l'histoire universelle*, trad. V. Monteil, Beyrouth, Commission libanaise pour la traduction des chefs-d'œuvre, 1967-1968. Cité par Hélène Vérin, *La Gloire des ingénieurs, l'intelligence technique du XVIe au XVIIIe siècle*, Paris, A. Michel, 1993, p. 24.

LES ALTERNATIVES TECHNOLOGIQUES DE GESTION DES DÉCHETS AU LIBAN : LE CAS DE TRIPOLI

Marwan Jarkas

La pollution entraîne des changements qui affectent nos modes de vie. Les polluants qui sont généralement des déchets de différentes formes perturbent notre écosystème et l'équilibre de l'environnement. Au Liban, le taux de pollution lié aux pratiques de vie et à la mauvaise gestion des déchets ne cesse d'augmenter, entraînant des conséquences alarmantes sur la santé et l'environnement. La modernisation et le développement technologique ont permis de nouvelles alternatives pour le management des déchets, allant de la méthode du triage et de la décharge à la gazéification en passant par la méthanisation et l'incinération.

Cette étude explique d'un point de vue comparatif le principe de fonctionnement des nouvelles méthodes utilisées actuellement dans l'objectif de cadrer les différentes possibilités de leur application en se centrant sur le cas de la déchetterie de la ville de Tripoli.

Introduction

Liban : La crise des déchets menace la santé (1/12/2017).

Beyrouth sous les déchets : le Liban face à son laxisme environnemental (29/07/2015).

- **Gestion des déchets ménagers au Liban : Retour sur un terrible fiasco (07/02/2018).**
- **La fermeture du centre de traitement des déchets de Tripoli (29/12/2017).**
- **Deux pans du mur de la décharge côtière de Tripoli se sont effondrés (20/04/2018).**

Plan :

1. Différentes technologies utilisées
2. La décharge de Tripoli
3. Application à la décharge de Tripoli
4. Conclusions
5. Solution

Différentes technologies utilisées

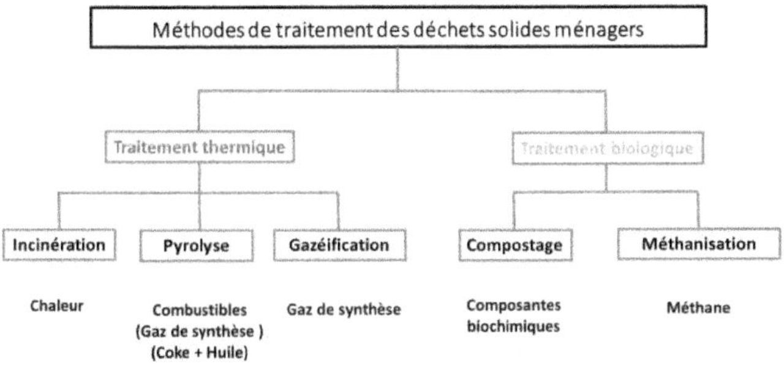

Différentes technologies utilisées : **Méthanisation**

Fermentation anaérobie des déchets composables et biodégradables

Quatre phases.

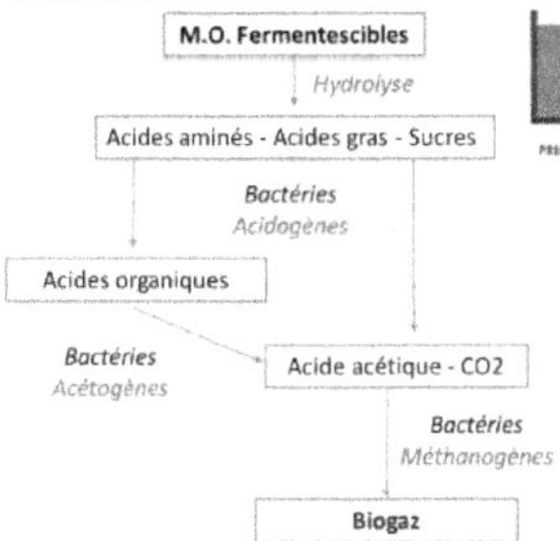

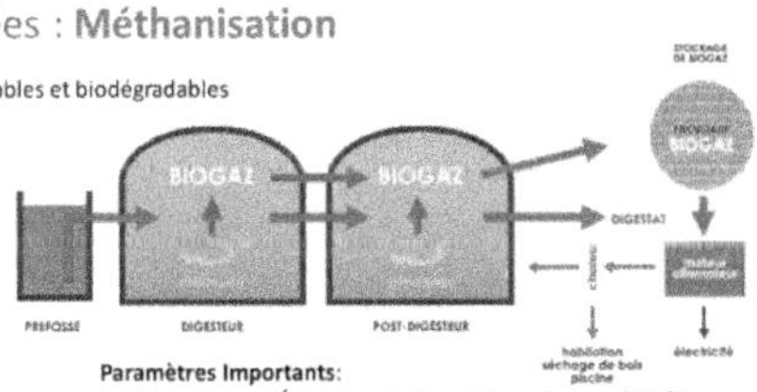

Paramètres Importants:

1. Température. Éviter la variation de température (1°C/j)
2. Contrôle de PH (7,5 < pH < 8)
3. Charge organique entrante (max. 20 %/ j)
4. Besoins nutritionnels des microorganismes anaérobies
5. Agitation (homogénéisation du mélange)

Résultats:

1. Biogaz (Méthane) (Chaleur + Electricité).
2. Digestat.
3. problèmes d'odeur, de toxicité, de corrosion et d'oxydation aisée en acide sulfurique.

Différentes technologies utilisées : **Compostage**

Transformation des matières organiques en un produit stable hygiénique et riche en humus

Quatre phases:
1. Phase mésophile (fermentation).
2. Phase thermophile (fermentation).
3. Phase de refroidissement.
4. Phase de maturation.

Conditions:
1. Maintenir la température à 60°C .
2. Arrosage (humidité entre 50% et 60%).
3. Aération (activité microbienne).
4. Contenir les émissions des gaz.
5. Contrôle de PH (5 < pH < 7)

Résultats:
1. Compost.
2. Chaleur (négligeable).
3. problèmes d'odeur, de toxicité.

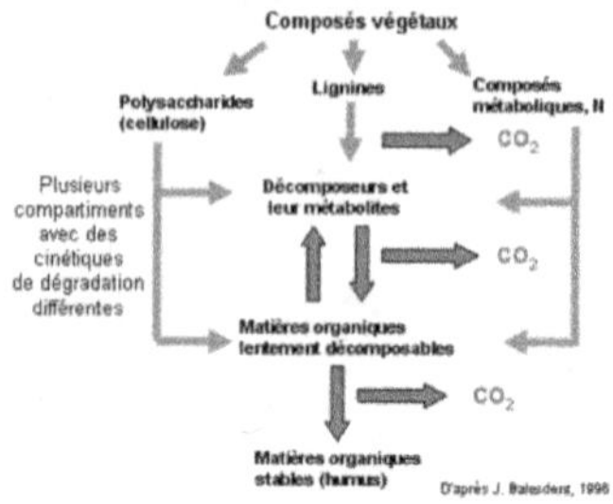

Différentes technologies utilisées : **Incinération**

Oxydation par voie thermique en présence d'oxygène (850 – 1000 °C)

Trois phases:
1. Séchage et décomposition.
2. Combustion.
3. Refroidissement.

Bonne combustion : Règle des **3T**
1. Temps de séjour (30 < t <60 min).
2. Température (850 < T <1000°C).
3. Turbulence (Maintenir une bonne homogénéité).

Résultats:
1. Chaleur + Electricité.
2. Fumée toxique (Dioxines, furanes, NO_x, SO_x, ...).
3. 30% des déchets solides sous forme de cendres classés dangereux.

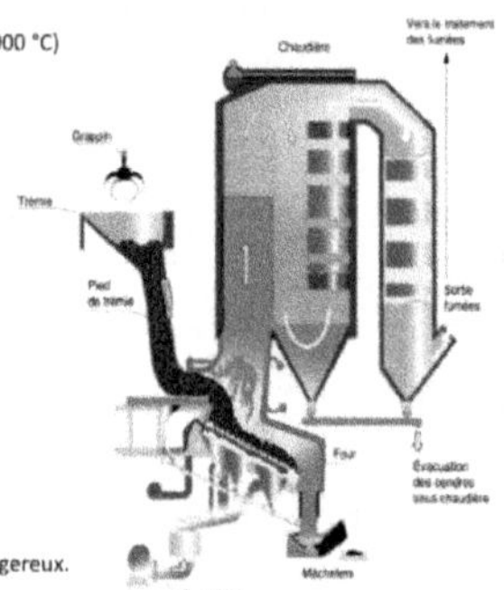

Différentes technologies utilisées : **Pyrolyse**

Traitement thermique ($\Delta H > 0$) pour décomposer les déchets en gaz de synthèse et carbone.

$$\text{Déchets} \xrightarrow{\text{chaleur}} \text{Coke} + CO, H_2, CH_4, C_mH_n, N_2, H_2O$$

Trois phases:
1. Séchage (élimination H_2O).
2. Distillation des matières volatiles.
3. Transformation en carbone fixe.

Deux Types:

Pyrolyse lente :
- Temps de séjour élevé (60 min).
- Vitesse de chauffage lente (10 - 20°C/min).
- Température modérée (400 - 600°C).

| Solide ↗ | Syngaz ↘

Pyrolyse rapide:
- Temps de séjour faible (1 -10 min).
- Vitesse de chauffage élevée (300 - 800°C/min).
- Température élevée (650 - 850°C).

| Solide ↘ | Syngaz ↗

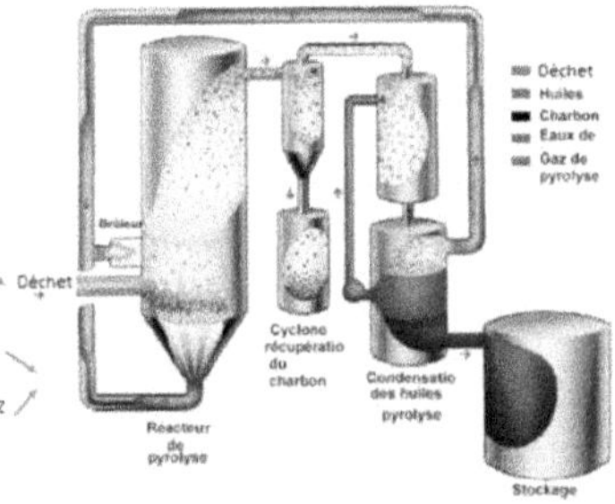

Résultats:
1. Chaleur + Electricité. (Coke et Huile Pyrolytique).
2. Cendres (Traitement délicat pour les neutraliser).

Différentes technologies utilisées : **Gazéification**

Transformation à haute température des matières carbonées en gaz de synthèse combustible.

$$\text{Déchets} + \text{combustibles solides} + H_2O + O_2 + N_2 \longrightarrow CO, H_2, CH_4, N_2, H_2O, CO_2 + \text{Inertes}$$

Quatre phases:
1. Séchage (extraction du H_2O).
2. Pyrolyse des matières (Coke + Syngaz).
3. Oxydation du syngaz ($1200 < T < 1500$°C).
4. Gazéification du carbone (production du syngaz).

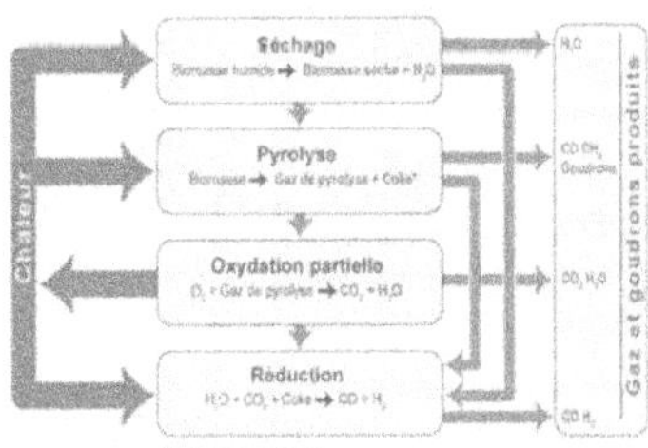

Conditions:
1. Contrôle de la Température ($1200 < T < 1500$°C).
2. Contrôle de l'air (combustion complète du syngaz).

Résultats:
1. Chaleur + Electricité.
2. Craquage du goudron.
3. Résidus solides inertes. (Utilisable en travaux de construction et routiers)
4. Forte diminution du volume des fumées (pollution négligeable).

Décharge de Tripoli

Officiellement depuis 2001:

- Lavajet
- Une surface de 60 Km².
- Une durée de 2 ans.
- Contrat renouvelé ... renouvelé ....

Aujourd'hui:

- 2 Millions de tonnes des déchets.
- Hauteur plus que 35m.
- Une usine de triage désastreuse.

Depuis 1975

Déchets de Tripoli

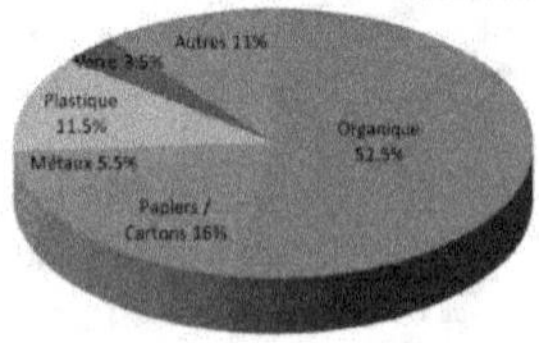

Décharge de Tripoli

Le décharge de tripoli peut être divisé en deux parties:

1. Déchets journaliers (450 T/J).
2. Déchets cumulés (2 MT).

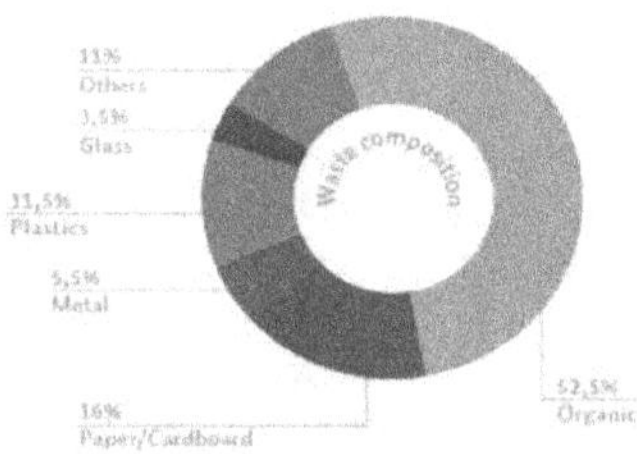

Application à la décharge de Tripoli: **Méthanisation**

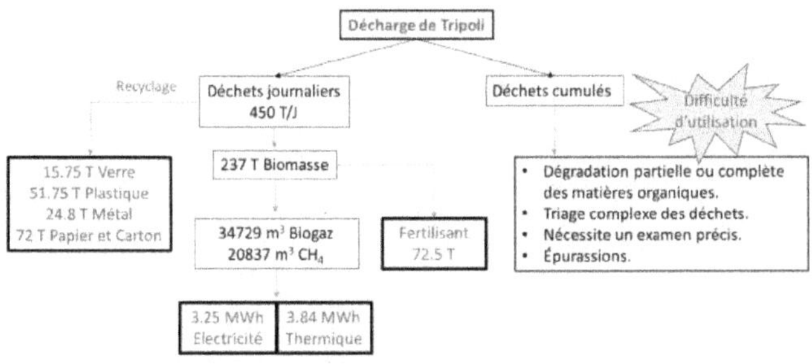

Application à la décharge de Tripoli: **Compostage**

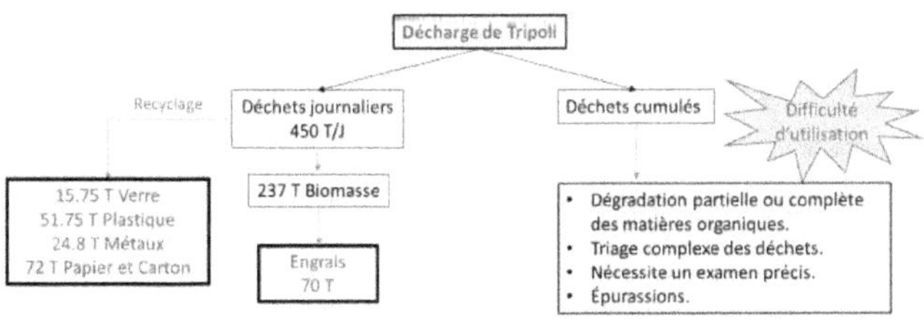

Application à la décharge de Tripoli: **Incinération**

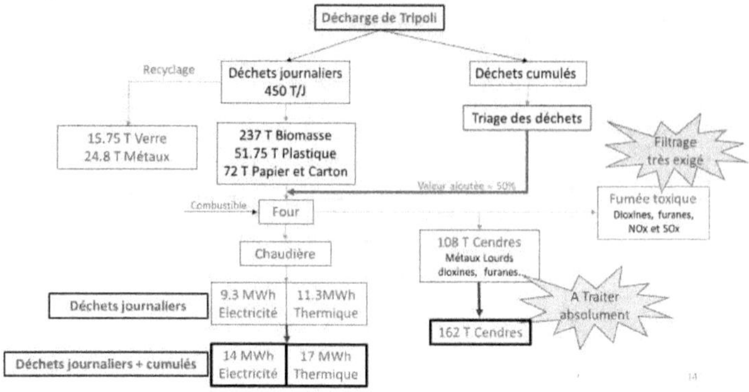

Application à la décharge de Tripoli: **Pyrolyse**

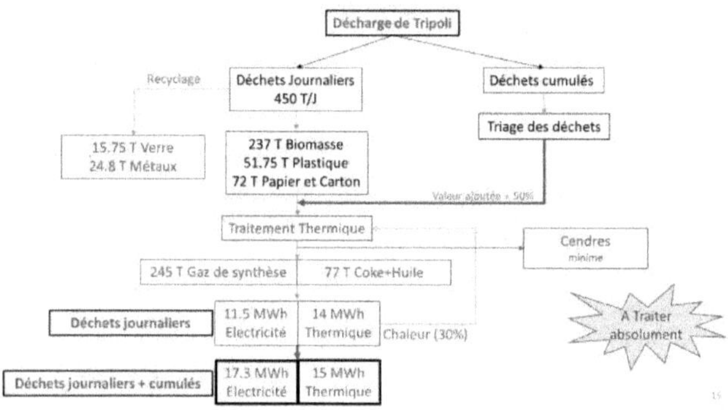

Application à la décharge de Tripoli: **Gazéification**

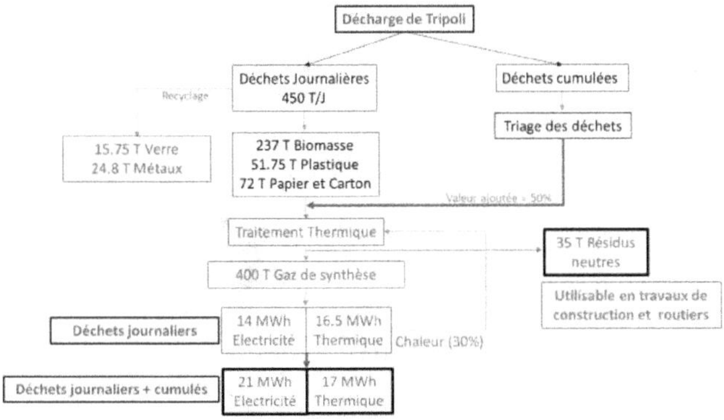

Conclusions

Efficacité par tonne

Méthodes de traitement	Electricité (MWh)	Chaleur (MWh)	Engrais (T)	Conséquences
Méthanisation	7.2	8.5	155	Odeur, risque de pollution du sol
Compostage	0	0	155	Odeur, risque de pollution du sol
Incinération	21	25	0	Fumée et Cendres toxiques (Métaux Lourds dioxines, furanes) Cout d'entretien très élevé
Pyrolyse	25.6	22	0	pollution du sol Retour à l'incinération
Gazéification	30	25	0	Résidus solides inertes (utilisables) Pollution négligeable

Solution

SIEMENS

ABENGOA

The Hoskinson Group

OASIS
CONSULTING
SERVICES

Solution

Usine de traitement des déchets de capacité de 1000 T /j

Déchets journaliers

Déchets cumulés

Build-Operate-Transfer Contract

30 MWh

Pouvoir de traiter:
- les déchets médicaux
- les pneus

Zéro Pollution

Coût de traitement moins chers

Créer une dynamique d'échange technique

Une garantie de performance

Créer des opportunités d'emploi.

Développer une main-d'œuvre qualifiée

Solution

L'usine de traitement

Usine à côté du site actuel de décharge pour éliminer "la montagne des déchets"

Usine sur un nouveau site pour les déchets journaliers.

≈ 8 années

TECHNOLOGIES DES FORMES ET DES MÉTHODES

Genèse de la science moderne : deux savants du XVIIe siècle

Odette Barbero

« J'ai pris l'ensemble du savoir pour province. »
Francis Bacon
« Rien n'est plus beau que de connaître le Tout. »
Athanasius Kircher

Introduction

Deux frontispices illustrent deux œuvres philosophiques du XVIIe siècle qu'un demi-siècle sépare. La première est le *Novum organum scientiarum* de Francis Bacon publié en 1620, la seconde l'*Ars Magna Sciendi sive Combinatoria* d'Athanasius Kircher publié en 1669. F. Bacon (1561-1626) est un philosophe anglais et un homme d'État dont les œuvres les plus connues sont celle que nous venons de citer qui fait partie d'un ouvrage plus vaste intitulé *L'Instauration Magna* resté inachevé et la *Nouvelle Atlantide* éditée un an après sa mort en 1627. Partisan d'une méthode inductive qui, partant d'histoires naturelles, va de l'expérimentation à la démonstration et de la démonstration à l'expérimentation, il reprend, pour qualifier son projet, la comparaison entre fourmis, araignées et abeilles déjà présente chez Sénèque, Pétrarque et Montaigne. Si les philosophes empiristes recueillent des matériaux assemblés sans méthode et se contentent d'amasser et de faire usage de même que les fourmis, si les rationnels tissent des toiles théoriques et dogmatiques mais stériles à partir de leurs propres substances comme les araignées, la philosophie baconienne, à l'instar des abeilles qui transforment des nectars que leur savoir communicationnel a choisis, recueille la matière offerte par l'histoire naturelle et les expériences mécaniques et les transforme par la voie inductive afin de découvrir de nouveaux effets.

A. Kircher (1602-1680) est un savant jésuite et polymathe allemand qui, de 1635 à sa mort, enseigna au Collège romain de Rome fondé par Ignace de Loyola, fondateur de la Compagnie de Jésus et auteur des *Exercices spirituels*. Voyageant dans plusieurs villes allemandes pour fuir (soldats protestants ou invasion de la Suède en 1631) ou par intérêt intellectuel, physicien et mathématicien, polygraphe et passionné de langues orientales, il fut un inventeur et un auteur prolixe. Sa curiosité insatiable pour tous les savoirs, son encyclopédisme comparatiste, son intérêt pour le langage symbolique, l'hermétisme et la tradition catholique en font un auteur qu'on qualifie de Baroque et pour qui l'activité scientifique se doublait d'un attrait pour les phénomènes mystérieux. À titre de premier exemple, citons son plus grand ouvrage écrit de 1652 à 1654, l'*Œdipus Aegyptiacus* qui compare la sagesse égyptienne à toutes les traditions religieuses et théologies ou théosophies antiques.

Si la rigueur logique, le contrôle expérimental, l'axiomatisation et le formalisme sont devenus le visage de la science contemporaine, chez nos deux auteurs, elle présente encore des aspects liés au XVIe siècle : pour A. Kircher, celui d'une approche holistique qui allie à l'objectivité un symbolisme pourvoyeur de sens et, pour F. Bacon, une méthode remise en question par le développement des mathématiques qui deviennent le langage de la Nature, ce qu'en un sens, ne dément pas le caractère plastique et ouvert de sa méthode. Mais sa portée déterminante fut de montrer une direction : il a créé une méthode normative élaborant des concepts clairs à partir de l'expérience sensible reposant sur des principes assurés. A. Kircher voulait que soit accessible à la science en tant que savoir un tout ordonné et il se donnait pour mission de trouver une « théodicée » universelle donnant la clé des mystères du monde et de l'origine de toutes choses. F. Bacon voulait percer les secrets de la Nature, savoir comment et de quoi sont faits les corps naturels et aboutir à une science universelle. Il se voulait être un guide, libérer l'invention en rompant avec les obstacles qui l'entravent en donnant au miroir déformant de l'esprit des instruments adéquats. Tous deux, chacun à leur manière, ont postulé la nécessité de faire usage de la raison et de l'expérience afin que la connaissance pour F. Bacon et le savoir pour A. Kircher deviennent un pouvoir et une espérance sécularisant ainsi les fins de l'homme selon le courant humaniste de la Renaissance.

Comparer ces deux auteurs pose une question d'ordre épistémologique : les différents modèles que propose la science moderne en devenir et qu'illustrent nos deux auteurs divergent-ils ou se prolongent-ils dans la construction des connaissances scientifiques, repris en d'autres méthodes et propositions ? F. Bacon et A. Kircher participent d'une Europe en proie à une réalité historique mouvementée et tragique : chasse aux sorcières, inquisition, peste, guerre de Trente Ans et armées de mercenaires. Mais c'est aussi une Europe qui voit triompher la rationalité par des avancées majeures en sciences qui sont dues, pour ne citer que les plus connus, à Kepler, Galilée, John Napier, Desargues, G. Cardan, Fermat, Robert Boyle, Roberval, Torricelli, Papin, Christian Huygens, Robert Hooke, Van

Leeuwenhoek, Newton ou, en médecine, Gaspare Aselli et William Harvey. Le domaine technique connaît également un fort développement en optique : travaux de F. Maurolico, Kepler et Descartes sur le mécanisme de la vision (progrès de l'optique géométrique par la détermination des distances focales des lentilles et les lois de Descartes-Snell) et accroissement de la finesse de l'observation : machines à tailler et polir les verres, lunettes de visée (géodésie, astronomie et microscope), oculaire convergent à une seule lentille de Kepler et à deux lentilles de Huygens. De même, baromètres, niveaux à bulles, machines à calculer, compas sont tous des instruments qui tendent à faciliter l'observation et la précision du calcul des mesures. Le textile, lui, voit la technique des métiers à tisser et à bas s'améliorer : J.-B. de Gennes présente en 1678 à l'Académie des sciences *une nouvelle machine pour faire de la toile sans l'aide d'aucun ouvrier*.

D'une part, les objets de connaissance font l'objet d'une délimitation strictement scientifique : ainsi depuis Kepler et Descartes, les limites du domaine des objets de l'optique sont déterminées et relèvent de trois parties : Catoptrique, Dioptrique, Théorie de la vision ou Perspective et, d'autre part, les compétences s'élaborent désormais dans un cadre scientifique, c'est de plus en plus le « savant », selon les vœux de Descartes, qui enseigne le travail de l'*ingénieur*, du technicien, de l'artisan. Mais en dépit de cette évolution, des rapports étroits continuent d'exister entre savants et artisans fabricants d'instruments parfois confondus dans la même personne : c'est le cas de nos deux auteurs. F. Bacon est un savant, expérimentateur, adepte d'inventions et du perfectionnement des outils et machines, A. Kircher, un polymathe qui fabrique des instruments. Tous deux s'inscrivent dans cette circulation entre savants et hommes de l'art qui s'oppose à la distinction aristotélicienne entre travaux dignes et avilissants, qui a débuté au XVIe siècle où Léonard de Vinci œuvrait pour que la peinture soit reconnue comme un art libéral et Rabelais plaidait pour la vertu éducative des métiers. On remarque que les dates de vie de ces deux auteurs amorcent le XVIIe siècle ou le parcourent, Descartes (1596-1650) est leur contemporain. L'avènement de ce qu'on nommera la rationalité philosophique et scientifique fut plus complexe qu'on ne le pense souvent.

Francis Bacon

F. Bacon s'inscrit dans le cadre de ces savants, ingénieurs, techniciens, mécaniciens, artisans qui sont les ouvriers et les initiateurs de la science moderne[1]. Un des aspects de cette

---

[1] Gilbert écrit sur le magnétisme, V. Biringuccio sur la métallurgie, G. Agricola sur l'extraction et la fusion des métaux[1] ; B. de Palissy est l'auteur d'un *Discours admirable de la nature des eaux et fontaines, des métaux, etc.* (1580) dans lequel il valorise la pratique et une méthode expérimentale. Le médecin et astronome J. Frascator étudie les maladies contagieuses, Cornelis Drebbel pratique des expériences en optique, hydraulique, réfrigération et météorologie, inventant un thermomètre à air et le premier sous-marin. En 1609, Galilée publie le *Sidereus Nuncius* où il fait état de ses découvertes grâce à la lunette astronomique. H. Cole crée un grand astrolabe et des compas, T. Hood publie un ouvrage sur le compas de proportion utile à l'arpentage et à l'artillerie. T. Digges invente le théodolite faisant passer les relevés approximatifs de l'arpentage à une topographie scientifique. P. Borel rédige le premier ouvrage spécifique de microscopie daté de 1655. La situation historique est également un puissant incitateur d'applications scientifiques. Les intérêts économiques et militaires dopent les avancées techniques, notamment dans l'art de la navigation. Le début des guerres de religion et la guerre de Trente Ans contribuent au développement de la cartographie et de l'ingénierie civile et militaire : *La carte du monde à l'usage des navigateurs* de Mercator dont F. Wright corrige des erreurs, les observations de R. Norman, marin et fabricant de boussoles,

évolution est la transformation des lieux du savoir telle la proximité institutionnelle de différentes disciplines qui favorise leur mise en commun comme dans les ateliers-fabriques de Florence du Quattrocento. La coopération entre savants, dessinateurs ou graveurs offre une description rigoureuse de la réalité botanique et zoologique et les jardins « universitaires » trouvent leur place à côté des salles d'anatomie à Padoue et Pise vers 1544. L'enseignement lui aussi évolue ; en Angleterre, les artisans peuvent lire les textes classiques traduits en langues vernaculaires et Gresham collège leur offre ainsi qu'aux marins des cours de sciences gratuits. Inversement, H. Gilbert et R. Hakluyt réhabilitent par des enseignements et des fondations d'école les sciences pratiques auprès des classes aisées. L'intérêt des humanistes pour les traductions et éditions de textes scientifiques a permis d'impulser un nouvel élan scientifique échappant au ressassement de la pensée aristotélicienne[2].

C'est donc dans ce contexte que F. Bacon propose de faire une « grande instauration » de « l'ensemble des sciences[3] » dont la métaphore commune à l'époque est celle du voyage. Sur le frontispice du *Novum organum*, deux navires franchissent les colonnes d'Hercule avec l'inscription *multi pertransibunt et augebitur scientia* (« beaucoup iront au-delà et la science sera

---

profitent à la découverte de nouveaux mondes après le tour du monde de F. de Magellan.

2 Tels ceux d'Euclide (1533), de Galien, Héron, Apollonius, Diophante, Ptolémée (1538) ou encore Archimède (1544) et Pappus (1556). Pour toute cette partie, nous suivons l'excellent livre de M. Popelard, *Francis Bacon, L'humaniste, le magicien, l'ingénieur*, Paris, PUF, 2010 qui dessine le contexte anglais de l'œuvre baconienne et rétablit l'originalité et la modernité de F. Bacon.

3 Bacon, *Novum Organum*, traduction de M. Malherbe et J. M. Pousseur, Paris, PUF, 2004, Livre I, aphorisme 127, p. 179.

accrue »), reprise d'un verset du prophète Daniel, 12, 4[4]. La *Nouvelle Atlantide*, texte tardif écrit aux alentours de 1624 et publié après la mort de son auteur survenue en 1626, est le récit d'un voyage entrepris pour voir, observer et collecter des sources et des objets du savoir. Dans les *Essais* de 1625, F. Bacon écrit que « voyager est pour la jeunesse une forme d'éducation, pour les aînés une forme de l'expérience[5]. » Il conseille de voir les villes et tout ce qu'elles renferment, les bibliothèques comme les bourses et les marchés, d'assister à l'instruction des soldats comme aux discussions dans les universités. À côté de ces questions culturelles et sociopolitiques, F. Bacon prône la découverte de fourneaux, de machines, de jardins de simples, d'arsenaux, d'astrolabes et de cartes ou encore de cadavres pour l'anatomie, s'opposant ainsi au savoir poussiéreux et stérile des livres. Il en appelle à l'aide de « quelque alchimiste, qui [incitait] les hommes à vendre leurs livres et à construire des fourneaux, et à abandonner Minerve et les Muses comme autant de vierges stériles, pour placer toute leur confiance dans Vulcain[6]. » De même que la boussole a permis de traverser l'océan et de

---

4 « Une multitude alors cherchera et la connaissance augmentera », in *La Nouvelle Bible Segond*, traduction sous la direction de H. Blocher, J. C. Dubs, M. Echtler, J. C. Verrecchia, Alliance biblique universelle, 2007, p. 870.

5 Cité *in* M. Popelard, *op. cit.*, p. 189. M. Popelard, remarquant qu'il y a deux bateaux sur le frontispice de *La Nouvelle Atlantide*, oppose le voyage des Européens à but mercantile ou de curiosité et d'une forme d'éducation pour la jeunesse à celui à but scientifique des savants de Bensalem, p. 181.

6 F. Bacon, *Du progrès et de la promotion des savoirs (1605)*, Paris, Tel Gallimard, 1991, Livre second, p. 84. Peut-être, s'agit-il de Severinus qui avait écrit : « Allez fils, vendez les champs, les maisons, les vêtements, les bijoux, brûlez les livres, achetez des chaussures, escaladez les montagnes, partez à la découverte des vallées, des déserts, des rivages, des limites éloignées de la terre. »

découvrir les régions du Nouveau Monde, un « exercice plus parfait de l'esprit et de l'entendement humain permet "d'aborder aux parties plus reculées et plus cachées de la nature"[7] » et de découvrir un monde inexploré philosophique à l'instar de celui du monde géographique. Cette image d'une science vue comme une traversée et donc toujours en mouvement est récurrente chez F. Bacon. Ceci signifie également que cette ouverture temporelle et cette dimension exploratrice du savoir qualifient sa méthode d'optimisable : elle se nourrit des inventions et se perfectionne en se faisant et le savant est un guide – « C'est à propos de route [...] et non de force qu'il y a problème ; et c'est le rôle de guide et non de juge que nous tenons[8]. »

L'intention philosophique du voyage de F. Bacon réside dans une grande restauration « des sciences portée par un intérêt pour le grand livre de la nature et une raison qui connecte les mots aux choses[9]. » Comparant trois formes d'ambition, il décrit ainsi la troisième : elle « se trouve chez ceux qui tentent d'établir et d'élever la puissance et l'empire de l'homme même, c'est-à-dire du genre humain, sur la totalité des choses[10]. » Or, ajoute le *Novum Organum*, « l'empire de l'homme sur les choses repose tout entier sur les arts et les sciences » et la *Nouvelle Atlantide* affirme qu'une des fins de la Maison de Salomon est de « reculer les bornes de l'Empire Humain en vue de réaliser

7 F. Bacon, *Novum Organum*, *op. cit.*, « Grande Restauration, préface », p. 71.

8 F. Bacon, *Récusation des doctrines philosophiques et autres opuscules*, traduction D. Deleule, Paris, Hermann, 2009, p. 113.

9 Cette idée de nouveauté ou de mutation du savoir est inhérente à l'époque.

10 Les deux premières formes d'ambition étant celles d'hommes avides d'accroître leur propre puissance au sein de leur pays et de développer la puissance et l'empire de leur patrie au sein du genre humain.

toutes les choses possibles[11]. » Pour s'exercer efficacement, la puissance de cet empire consiste à inventer non pas une invention particulière mais « ce par quoi toute autre chose peut être aisément inventée[12] » car la méthode « contient en elle-même toutes les autres inventions particulières et ouvre l'esprit humain [...] à toutes les nouveautés que nous réserve l'avenir. »

Ce voyage est donc avant tout une immense entreprise intellectuelle d'où découleront des œuvres utiles découvertes, non par hasard, mais par des « règle[s] ». Raison, vérité et utilité ne s'opposent pas car, connaître, c'est produire des effets. On a donc là une circularité entre science, puissance et utilité dont le but « véritable et légitime [...] n'est autre que de doter la vie humaine d'inventions et de ressources nouvelles[13]. » La nouvelle philosophie naturelle est donc une œuvre qui doit « bénéficier à la vie de l'homme et la doter de richesses[14]. » « Je prépare », écrit-il, dans *La récusation des doctrines philosophiques*, « une Restauration de la Philosophie, telle qu'elle ne comporte rien de vain ou d'abstrait et qu'elle améliore les conditions d'existence des hommes et maîtrise, en partie, les nécessités et les misères humaines. » Et *La Nouvelle Atlantide* met en scène l'image d'un savant bienfaiteur de l'humanité qui se consacre tout entier à faire le bonheur de son royaume et de son peuple. Tous les habitants de Bensalem doivent profiter des inventions techniques et des arts mécaniques, d'une satisfaction des sens, des progrès de l'agriculture et de ceux qui bénéficient à la santé et à la prolongation de la vie. Si Bacon fait de l'homme le destinataire

---

11 Sir F. Bacon, *La Nouvelle Atlantide, suivi de Voyage dans la pensée baroque par M. le Dœuff et M. Llasera*, traduction ENS, Centre de recherche Temps/Espace/Histoire, Paris, Payot, 1983, p. 72.

12 *Novum Organum*, *Id.*, Aphorisme. 129, p. 183.

13 *Id.*, p. 87.

14 *Du progrès et de la promotion des savoirs (1605)*, *op. cit.*, Livre second, p. 94.

des bienfaits des sciences, il en fait également un créateur. Les arts font « de l'homme un dieu pour l'homme », ce que montrent les régions civilisées de l'Europe par rapport à celles du Nouveau Monde qui offrent une situation plus enviable. C'est pourquoi il faut « entrepren[dre] sérieusement d'être utile à l'humanité et [...] contribuer à sa grandeur. » « Prions Dieu », ajoute F. Bacon, qu'il fasse naître « une race de héros capable [...] des découvertes salutaires et utiles pour vaincre et soulager, autant que faire se peut, les besoins de l'humanité[15]. » Les temples du savoir se doivent d'être des « entrepôt(s) opulent(s) destiné(s) à glorifier le Créateur et à porter secours à la condition humaine[16]. » F. Bacon lie l'entreprise de refondation des sciences à celle d'une philanthropie s'adressant à toute l'humanité : les talents des hommes ne devant pas être séparés de la charité qui ne doit connaître ni borne ni frontière sous peine de n'être que vaine gloire.

Tout d'abord, pour F. Bacon, l'homme, « ministre et interprète de la nature », ne s'oppose pas à la religion car si *Les Écritures* révèlent la volonté de Dieu, la Création exprime sa puissance. Dans un cas, Dieu indique ce qu'Il veut que les hommes fassent, dans l'autre, les lois de la nature qu'Il a faites. On consent à Dieu en interprétant *Les Écritures*, on lit et on déchiffre un contenu en interprétant la nature : il n'y a donc pas d'antagonisme entre la parole divine et ses œuvres, autrement dit, entre sa volonté et sa puissance. Le genre humain doit recouvrer le pouvoir de son droit de nature, qui lui appartient de don divin. Il convient donc de se tenir au principe de « ne mêler ni de confondre ces deux savoirs : une droite raison et une sage

---

15 *Id.*, p. 139.

16 *Id.*, p. 46.

religion[17]. » Ainsi, la dignité des sciences amène à exalter la gloire des œuvres divines et en outre la philosophie naturelle prépare l'esprit à « concevoir le vrai sens des Écritures[18] ». Moïse qui fut un savant et le roi Salomon légitiment le droit de l'homme à être un ministre et un interprète de la nature selon le verset des Proverbes, « la gloire de Dieu c'est de celer les choses, la gloire des rois, c'est de découvrir les choses ». Celle de l'homme est donc de faire l'effort de connaissance : un effort graduel car, autrement, se mettant à la place du créateur, il allègue les causes finales qui corrompent la philosophie. Mélanger le divin à l'humain conduit à une philosophie imaginée et à une religion hérétique, il est donc salutaire de rester mesuré et de « réserver la foi à la foi[19] ». F. Bacon ouvre ainsi un champ à la philosophie naturelle et à la physique séparées du théologique.

Ensuite, la connaissance telle que F. Bacon la conçoit, relève de la vocation de la fonction royale et des corps constitués qui l'entourent[20]. Dans *Du progrès et de la promotion des savoirs*, F. Bacon se livre à une enquête historique pour montrer que la promotion de la connaissance est un gage de paix sociale : il montre par la négative que ce sont les époques les plus barbares qui sont le plus sujettes aux troubles et aux séditions et rappelle que c'est sous la tyrannie des Trente que Socrate fut mis à mort. Favoriser les recherches et travaux des savants est donc un honneur pour le Roi et un embellissement de son image : il lui revient donc d'assumer le financement du coût des travaux pour

---

17 *Id.*, p. 12 et 77.

18 *Id.*, p. 54.

19 *Novum Organum*, traduction M. Malherbe et J. M. Pousseur, Paris, PUF, 2004, aphorisme 65, p. 125.

20 D'où les dédicaces qu'il adresse au roi au début de ses écrits – d'autant plus que s'ajoute un argument conjoncturel : le schisme anglican permet une réforme nationale des universités.

leur avancement et d'instaurer une dynamique qui organise et coordonne toutes les énergies par la création de lieux du savoir : écoles, collèges, universités et bibliothèques renfermant de nouvelles éditions, des traductions fidèles et des commentaires rigoureux ainsi qu'une équitable rémunération des professeurs qui enseignent les acquis scientifiques et les chercheurs qui se consacrent aux études en cours. En retour, les savants ou inventeurs servent les intérêts de l'État et enrichissent la nation. L'avancée des sciences suppose donc un facteur temporel car elle est davantage « le fruit de l'œuvre de la succession des âges que du génie[21] » et « la vérité est fille du temps[22]. » Toutes deux requièrent également transparence et publicité par la diffusion de programme, la communication des expériences et les échanges d'informations –, ce que Kant reprendra : la publicité étant « l'usage public de notre propre raison », celui que l'on fait comme savant devant le public qui lit ; l'interdire, interdit le progrès de l'humanité. L'approche nouvelle de la recherche dans le domaine des savoirs est donc en même temps une restructuration des manières de réfléchir et d'inventer. Réformer le savoir est une affaire politique et Bacon s'y essaiera toute sa vie : dans l'*Advancement of learning*, il intéresse Jacques Ier à son entreprise, puis en 1608 et, dans l'épître dédicatoire du *Novum organum*, il demande au roi de prendre « des mesures pour que soit recueillie et complétée une histoire naturelle et expérimentale[23]. » La *Royal Society* que F. Bacon a appelée de ses vœux ne sera créée qu'en 1661. Le responsable des expériences était R. Hooke et on y suivait les méthodes de recollections

---

21 *Novum Organum*, *op. cit.*, aphorisme 22, p. 176 et « À notre sérénissime et tout-puissant prince et seigneur Jacques », p. 63.

22 *Récusation des doctrines philosophiques et autres opuscules*, « pensées et vues », p. 197.

23 *Novum Organum*, *Id.*, p. 64.

baconiennes. Indépendante de l'État, utilisant un service postal diplomatique, la *Royal Society* commerçait avec tous les pays dits civilisés.

F. Bacon a également une conception collective du travail intellectuel – prémices d'une cité scientifique internationale en réseau ? – car si chacun peut et doit réformer son esprit, il s'insère dans une œuvre qui réclame d'autres esprits que le sien. L'accent est mis sur le partage des tâches ou leur combinaison, notamment en ce qui concerne le recueil des expériences. Dans les institutions, sociétés ou confréries savantes doivent régner le désintérêt financier, l'indifférence à la vanité et au prestige et la liberté vis-à-vis d'attaches partisanes comme la servilité vis-à-vis de doctrines du passé. Les savants véritables sont des travailleurs qui ont le sens de l'effort et du devoir. Ils « aiment le travail pour lui-même » et « prennent plaisir dans l'action elle-même et non dans ce qu'elle procure[24]. » Le *Valerius Terminus*, compare le scientifique au fonctionnaire, auquel il est demandé non de donner satisfaction *(to give satisfaction)*, mais d'accomplir sa tâche *(to do the business)*[25]. Dans la *Nouvelle Atlantide*, il existe une division des tâches que Bacon décrit de la manière suivante : douze Marchands de Lumière voyagent par le monde pour recueillir et rassembler toutes les connaissances et les expériences déjà faites. Puis, par ordre de trois, les Pilleurs réunissent les travaux publiés, les Artisans collectionnent les expériences mécaniques et techniques ainsi que les procédés pratiques, les Mineurs essaient les expériences qu'ils estiment bonnes, les Compilateurs classent en rubriques et en tables tout ce qui a été

---

24 *Du progrès et de la promotion des savoirs (1605)*, Livre premier, p. 18.

25 Cité *in* T. Gontier, « Homme copule ou réification de l'outil. Invention et humanisme chez Bacon », *Revue philosophique de la France et de l'étranger*, 1/2003 (Tome 128), p. 23. URL : www.cairn.info/revue-philosophique-2003-1-page-41.htm. DOI : 10.3917/rphi.031.0041.

ainsi rassemblé et en tirent commentaires ou axiomes, les Bienfaiteurs examinent ces mêmes expériences pour en tirer des conclusions pratiques ou profitables, les Flambeaux, après consultation des travaux précédents par toute la société en son entier, ont l'initiative de nouvelles expériences, éclairantes à un niveau plus élevé et pénètrent plus loin dans les secrets de la Nature, les Greffeurs procèdent à ces expériences et font des rapports, les Interprètes de la Nature élèvent les découvertes ainsi obtenues au niveau d'observations supérieures, d'axiomes et d'aphorismes, – novices et apprentis assurant leur renouvellement. Cette division du travail, si elle préfigure les métiers actuels de la communauté scientifique – chercheurs de terrain, de laboratoire, techniciens et adjoints, directeurs de recherche, ingénieurs d'études, de recherche et leurs assistants, bibliothécaires ou encore les idées de programme et recherche appliquée et fondamentale, de recherche publique scientifique et technologique et d'articles de revues scientifiques –, n'ouvre cependant pas la voie à une rationalisation qui s'est mise en place au cœur de l'industrie selon le modèle américain : F. W. Taylor, H. Ford, C. E. Bedaux[26].

F. Bacon définit le rôle du savant par l'expression « ministre et interprète de la nature ». Le terme de ministre dérivé du latin *minus* indique une position seconde : se laisser guider par la nature est la condition première d'une heuristique dans la méthode et ses applications. « En effet, l'homme, ministre et interprète de la nature, n'étend ses actions et ses connaissances

[26] À la rigueur, on peut comparer éventuellement la rationalisation qui consiste en un travail rigoureusement exécuté mais non les autres caractères du rationalisme industriel : intégration logique des fonctions de l'entreprise, direction unique, rémunération aux rendements afin de baisser les coûts de production et donc de vente pour créer une production de masse pour une consommation de masse.

qu'à mesure de ses observations sur l'ordre de la nature, en s'appuyant ou sur les œuvres ou sur l'esprit. Il ne sait ni ne peut rien de plus. Et il n'existe aucune force qui puisse arrêter ou briser la chaîne des causes ; on ne triomphe de la nature qu'en lui obéissant[27] », c'est-à-dire en reconnaissant les limites que la nature impose. Pour ce faire, il faut d'abord écarter les faiblesses de l'esprit que F. Bacon nomme « idoles ». Ces idoles sont des abstractions arbitraires, des théories fausses et irrationnelles mais produites selon un ordre systématique qui séduit l'esprit humain. Les premières sont des erreurs radicales fondées sur la nature humaine tandis que les trois autres sont successivement redevables à la conformation individuelle de chaque esprit, au commerce langagier des hommes entre eux ou proviennent de philosophies et de démonstrations défectueuses. Les *Idoles de la tribu* supposent plus d'ordre et d'égalité dans les notions simples et les systèmes qu'il y en a et des opinions tenues pour vraies qui, de par leur autorité, servent de fondements à des enchaînements au mépris d'instances contraires. D'une part, l'esprit inexpérimenté et négligeant, confiant en ses raisonnements spontanés, plus favorable aux affirmations plutôt qu'à la force des négations et, enclin à ne point borner sa recherche, aspire toujours à aller plus avant : d'où son mouvement incessant pour la sommation à l'infini ou les causes finales. D'autre part, volonté et passions ternissent sa lumière : le vrai n'est plus que le fruit de son désir comme le facile l'emporte sur le difficile, l'immodéré sur le modéré, les paradoxes et la superstition sur la raison. Mais le plus grand obstacle provient de l'égarement des sens qui par leur grossièreté s'opposent à une vision plus subtile des corps

[27] *Novum organum, op. cit.* « Distribution de l'œuvre », p. 87. Livre I, aphorisme 129, p. 182 ; aphorisme 3, p. 101. « L'empire de l'homme sur les choses repose tout entier sur les arts et les sciences. Car on ne gagne d'empire sur la nature qu'en lui obéissant. »

tangibles et jugeant même de l'expérience et de la spontanéité naturelle de l'esprit, il ne fournit qu'incertitude et fictions : c'est « un miroir enchanté[28] » où se reflète ce qui frappe l'imagination. F. Bacon blâme également la précipitation des empiriques qui tirent des expériences d'autres expériences et non des causes et des axiomes qui permettront de construire des expériences et de créer de nouvelles œuvres, et réprouve les dialecticiens qui passent outre l'induction pour se hâter vers les formules de la dispute. Les *Idoles de la caverne* ayant leur origine propre dans chaque individu, sont très variées : préférence pour certaines sciences parce qu'on en est l'auteur ou l'inventeur, parce qu'on y a consacré trop de temps d'études ou par habitude, en raison d'un penchant excessif pour la composition ou la division ou pour la grandeur et la petitesse des objets, d'une prédilection et d'un parti pris admiratif pour une époque particulière comme l'Antiquité ou d'un engouement pour la nouveauté. Les Idoles *de la place publique* constituent une critique du langage, les mots présentant différents degrés de difformité : verbalisme infructueux, inventions de mots nouveaux, noms de choses qui n'existent pas ou qui existent mais qui restent confus et mal déterminés, abstractions fautives et malhabiles qui imposent des notions fictives, confusions entre réfutations et simples distinctions enseignées dans l'École qui donnent lieu à de vaines controverses. Il insiste sur les abstractions opérées sur des choses réelles mais avec trop de précipitation et sans méthode pour parvenir à un résultat ou accumulation et généralisation du connu au connu, sans possibilité de progrès, c'est-à-dire d'extension de l'expérience. Aussi Bacon choisit-il le style aphoristique qui est « fait de la moelle et du cœur des sciences car il est dépourvu de rhapsodies

---

[28] *Du progrès et de la promotion des savoirs (1605)*, Livre second, p. 175.

d'exemples, d'un ordre rhétorique et de descriptions de la pratique[29] ». Le *Novum Organum* est un écrit composé de formules concises, sans enchaînement méthodique et dans un style direct qui invite à poursuivre la réflexion, s'opposant à la clôture d'un système mais aussi à des savoirs fantasques, chicaniers ou précieux[30]. La forme des écrits de Bacon témoigne de ce refus d'un savoir clos sur lui-même : ce sont essentiellement des projets, des programmes ou des indications de recherche, sans doute en raison de ses activités officielles qui, lui laissant peu de temps, l'obligent à reprendre chaque fois son projet de réforme du savoir[31] mais, plus essentiellement, en raison de sa conception d'une science perpétuellement en devenir et d'une méthode dont il se considère l'initiateur légitime. Il y a enfin *les idoles du théâtre* propagées par les systèmes philosophiques, fables en vogue ou philosophies anciennes, ainsi que par un grand nombre de principes et d'axiomes appartenant aux sciences et qui tirent leur force de la tradition, de la croyance et de la négligence. Ajoutons que F. Bacon rejette les écoles philosophiques sceptiques qui, détruisant toute confiance et toute autorité, conduisent à renoncer à la recherche et à demeurer dans des ténèbres sempiternelles. Il faut donc éviter tout jugement dépréciatif et susciter ardeur et zèle en faveur des expériences par des conjectures raisonnables. Deux raisons fondent cet « optimisme » dans la découverte de la vérité : la

---

29 *Du progrès et de la promotion des savoirs (1605)*, Livre second, p. 186.

30 Les différents styles de ses œuvres antérieures ou postérieures : invective, emphase, adresse à l'intention d'un public, exhortation ou métaphore et fable ont pour but d'« utiliser tel ou tel vocabulaire suivant le public auquel on s'adresse et de refuser un principe d'autorité d'une transmission entre maître et élève pour privilégier un rapport entre inventeur et continuateur ».

31 M. Malherbe, *La philosophie de Francis Bacon*, *op. cit.*, p. 115-116.

première est la bonté de la Providence qui ne peut que voir se réaliser une entreprise utile aux hommes, la seconde, le fait que l'usage de l'entendement se prête à un remède et à une médecine : les erreurs du passé sont autant de motifs d'espérer en l'avenir.

En définissant la science comme une activité dynamique, en recherchant le mouvement et les liaisons, F. Bacon s'oppose à Aristote pour qui la science est un acquis stable ou une possession. Il va donc sortir l'induction du champ rhétorique et dialectique qui, ne visant qu'un accord verbal, ressort d'un jeu de langage dont Aristote n'interroge pas la mise en ordre et, contrairement à l'École, il promeut l'invention des arguments sur la manière de les disposer. Cette réforme baconienne suppose également une alliance du rationnel et des données des sens puisque « la lumière de Nature est constituée par les notions de l'esprit et les témoignages des sens[32] » et que, ni l'un ni l'autre ne sont si foncièrement corrompus, qu'ils ne puissent s'exercer efficacement, ce n'est donc pas tant la constitution de l'esprit qui est défaillante que son usage : il est même susceptible de se réformer à condition qu'il soit pourvu d'outils adéquats et d'aides véritables.

L'alliance de l'entendement et des sens implique, comme on l'a vu, le rejet de l'empirisme : « la méthode que nous suivons [...] ne consiste pas à tirer des œuvres d'autres œuvres, des expériences d'autres expériences, comme le font les empiriques, mais à tirer des œuvres et des expériences les causes et les axiomes et en retour, des causes et des axiomes de nouvelles œuvres et expériences comme le font les interprètes légitimes de la nature[33]. » Cette voie inductive part donc, non des informations

---

[32] *Du progrès et de la promotion des savoirs*, Livre second, p. 111.

[33] *Novum Organum*, *op. cit.*, Livre I, aphorisme 117, p. 170.

données par les sens, mais de la subtilité d'expériences actives. Elle vise un enchaînement gradué et continu dont les axiomes sont les plus féconds pour inventer les arts. Cette méthode constitutive de la science qui doit assumer la totalisation du particulier dans l'universel en serrant la nature au plus près ou en « adhérant à la moelle des choses » par l'invention du moyen qui fait passer du connu à l'inconnu, est fondamentale pour l'*usage* de la connaissance et nécessaire pour la transmission et donc le *progrès* des connaissances. Le travail de la vie d'un homme ne suffit pas à réaliser la perfection du savoir, la science doit donc être conservée et transmise aux générations futures. La « méthode intègre » destinée aux enfants des sciences est semblable à un fil à dévider « qu'il faut transmettre et faire comprendre si possible par la manière dont il a été découvert, ce qui est possible par la connaissance obtenue par induction[34]. »

À cet effet, F. Bacon élabore des histoires naturelles ordonnées par un lien méthodique et classées en tables. C'est un procédé par variation – qu'il nomme « chasse de Pan » – avant l'établissement des axiomes qui réclame adresse et sagacité. Ces données doivent être enregistrées, ce que Bacon nomme *l'expérience lettrée* à la fois pour pallier les défauts de la mémoire et transposer les résultats d'un art dans d'autres arts, ce qui suscite des inventions nouvelles en leur temps. Le point de départ de la philosophie de Bacon réside donc dans une histoire naturelle fournie et de qualité où tout ce qui n'est pas rigoureusement observé ou de source sûre doit être rejeté. Cette histoire naturelle comprend les corps – dans la nature, il n'y a pas de substances mais « des corps individuels, accomplissant des actes purs individuels, d'après une loi[35] » –, les expériences dont

---

[34] *Id.*, p. 185.

[35] *Id.*, Livre II, aphorisme 2, p. 187.

celles des arts mécaniques et réclame un programme de procédures rationnelles et intellectuelles. L'expérience doit être extraite de la connaissance des causes et non l'inverse, telles les « expériences lumineuses[36] » dont on peut déduire des conséquences pratiques. D'ailleurs, peu importe que les expériences en général soient inutiles, pourvu qu'elles prêtent à l'invention des causes et des axiomes – en ce sens, l'utilité n'est qu'un moment pour lancer la recherche.

L'induction baconienne s'élabore sur trois niveaux : 1 – découverte et recueil des particuliers qui appartiennent à l'histoire naturelle et expérimentale ; 2 – disposition de ces informations pour que l'entendement puisse s'y appliquer ; 3 – niveau de l'induction elle-même dans lequel ce dernier progresse selon un ordre continu et progressif des axiomes mineurs jusqu'aux axiomes les plus généraux. Elle comprend vingt-sept *Instances* qui concernent la partie spéculative et la partie opérative ou les deux à la fois. Pour la partie spéculative ou informative, ces instances ont des fonctions plus ou moins techniques. Certaines opèrent avant une recherche particulière sur une nature car elles aident les sens et l'entendement de façon générale, d'autres concernent l'observation : elles indiquent les mouvements continus de la nature qui se font par degrés. Ce procédé d'affinage ou de césure à l'infini permet de trouver sa route sans errer en donnant des indices et une orientation à l'esprit. À toutes ces instances, s'ajoutent celles qui aident l'entendement à cerner l'unicité d'une nature, détecter les fausses formes, susciter des modifications, élever l'entendement jusqu'aux genres et natures communes. Le but commun de toutes ces instances est de rectifier et purifier l'entendement, d'abréger le cours de l'induction et de constituer une échelle de

---

36 *Id.*, aphorisme. 99, p. 159-160.

certitudes et de déterminations qui affirment une nature ou inventent une nature plus générale. F. Bacon prend l'exemple de la blancheur pour illustrer les *Instances de migrations*. L'eau combinée avec l'air donne la neige ou l'écume de la mer ; l'air combiné avec des corps incolores comme du verre et du cristal réduits en poudre libèrent de l'eau. Mais l'ambre seul réduit en poudre fine donne de la blancheur, ce qui libère d'un corps incolore ou transparent, puis deux corps quelconques peuvent devenir blancs, tels que l'huile et l'eau fouettée : donc ni l'air ni des corps transparents ne sont nécessairement requis pour obtenir la blancheur. Enfin, il faut dissocier illusions d'optique et structure réelle de la blancheur jusqu'à obtenir la forme qui est la structure totalement abstraite des déterminations matérielles[37]. Certains moyens particuliers ne doivent donc pas être limitatifs pour requérir un effet mais chaque expérience doit être certaine et ne pas valoir seulement pour quelques cas ; cette certitude et cette liberté sont des réquisits indispensables pour atteindre une généralité causale.

La nature de la chose, ainsi abstraite par degrés et différenciation, libérée des déterminations restrictives de la chose empiriquement donnée, fait apparaître sa constance et ses causes. Instances contradictoires, procédures d'isolement de l'effet, variations de l'expérience, éliminations et exclusions successives, tables de comparution ou de présence permettent de déterminer de plus en plus précisément cette nature en la différenciant progressivement et de la fixer : elle gagne ainsi un plan objectif, formel et universel. Ces tables ont un aspect évolutif : elles se transforment au fur et à mesure que progresse l'induction et se renforcent l'une par rapport à l'autre. La méthode doit donc

[37] *Valerius Terminus* cité *in* O. Barbero, *Bacon et Descartes, genèses de la modernité philosophique*, Beyrouth, Éditions universitaires du Liban, 2016, p. 75 77.

s'adapter à son objet, ajuster le mode d'invention à sa qualité et à ses conditions par un grand nombre de préceptes et de procédures d'expériences qui conduisent aux axiomes, et *in fine*, procurer des voies nouvelles aux sujets de recherche. Cette stratégie majeure : établir des tables d'absence, intégrer les cas négatifs, produire des exclusions distingue fondamentalement la *vraie induction* qui opère *par exclusion* de l'induction mauvaise ou par simple addition de cas particuliers qui partant « des principes les plus généraux sans procéder comme il se doit aux exclusions, solutions ou séparations de la nature[38] », laisse la négation hors d'elle, tel un élément circulant librement et comportant un risque potentiel de réfutation. D'où l'importance des *Instances de la croix* qui « répandent la plus grande lumière » et sont « d'une grande autorité et d'un effet tel que parfois la carrière de l'interprétation y prend fin et s'y achève[39]. » Appelées ainsi en raison des croix qui indiquaient aux voyageurs les directions, elles permettent, devant deux hypothèses susceptibles d'expliquer un phénomène, d'écarter l'une comme contraire aux faits et de retenir l'autre comme indiscutable, ce que Robert Hooke appellera *experimentum crucis* ou expérience cruciale[40].

Dans ce processus d'exclusion de faits non concluants, l'induction baconienne retient d'Aristote l'idée que la forme est « la vraie différence » car il y a une disposition invisible de forces dynamiques, un arrangement des éléments qui gouverne l'apparence des phénomènes. Le principe de certitude joue sur une identité d'essence et un facteur d'exclusion : « la forme d'une nature est telle que, si elle est posée, la nature donnée suit

---

38 *Novum Organum*, *op. cit.*, Livre I, aphorisme 69, p. 130.

39 *Id.*, Aphorisme 36, p. 255-256.

40 Sur cette notion, cf. A. Brenner, *Duhem, science et apparence*, Paris, Vrin, 1989. K. Popper, *Logique de la découverte scientifique*, traduction, N. Thyssen-Rutten et P. Devaux, Paris, Payot, 2007.

infailliblement [...] quand cette nature est présente ; elle l'affirme universellement et lui est inhérente en tout cas. Cette même forme est telle que, si elle est ôtée, la nature donnée s'évanouit infailliblement[41]. » Cette forme est vraie, produit des effets et possède une valeur heuristique : les formes embrassant l'unité d'une nature dans des matières très différentes, « peut dégager et mettre en lumière des choses qui n'ont pas été encore produites[42] ».

Une fois accompli ce travail de substitutions et de rectifications pour parcourir les niveaux d'axiomes et déterminer les différences essentielles, on redescend aux applications pratiques et techniques : on ne perd jamais le fil du concret ni le fait que c'est la nature elle-même qui éclaire la progression des inventions. Les aides aux sens deviennent des lentilles et des lunettes qui servent à percevoir ce qui n'est pas visible ou des astrolabes qui mesurent avec exactitude la hauteur et la direction des étoiles. Enfin, les mathématiques sont nécessaires à la partie opérative : forces et actions devant être exactement déterminées. Réduites à un rôle de mesure au service de la physique baconienne, le pouvoir d'anticipation et d'invention des mathématiques dans l'explication des phénomènes physiques est nié. F. Bacon écarte donc Pythagore pour le caractère mystique ou frivole de ses conceptions et refuse les constructions géométriques des astronomes et la philosophie naturelle de Proclus corrompues par l'abstraction des mathématiques : n'agissant point sur le réel, elles ne doivent pas engendrer la philosophie mais la « terminer »[43].

---

41 *Novum Organum*, Livre II, aphorisme 4, p. 189.

42 *Id.*, Livre II, aphorisme 3, p. 187-188

43 *Novum Organum*, Livre I, aphorisme 96, p. 157.

L'œuvre scientifique proprement dite de F. Bacon comprend des rédactions d'histoires naturelles dont il ne reste que des ébauches incomplètes et, si l'on en croit son biographe, J. Aubrey, F. Bacon serait mort en se livrant par temps de neige à des expériences sur la conservation par le froid de la viande de poulet[44]. L'*Histoire des vents* est un recueil d'observations et de croisements des vents avec d'autres phénomènes. Dans l'*Histoire du dense et du rare*, F. Bacon étudie le quantum de matière par rapport au volume, la configuration des corps, leur distribution dans différents corps, la distinction et la composition des matières, les raisons de la condensation et de la raréfaction, les rapports entre différents corps et leurs effets : par exemple, la réaction de l'air avec l'alcool de vin, c'est-à-dire avec une chaleur potentielle. L'ouvrage *Sylva sylvarum* contient une histoire des espaces célestes, des météores, de la terre et de la mer et des quatre éléments, des corps naturels et des arts, c'est-à-dire de la nature transformée.

Dans les arts, il privilégie ceux qui font subir le plus d'altérations et qui nécessitent le plus de préparations : agriculture, art de la cuisine, chimie, teinturerie, papeterie, etc., et ceux qui requièrent des mouvements précis : tisserand, horloger, forgeron. Il présente des méthodes pour conduire des expériences et fait de la variation la modalité générale de l'expérience : ainsi, en ce qui concerne la clarification des liqueurs, il examine la pression et la séparation des corps, leur infusion dans l'eau ou l'air et leur cohésion. Dans la *Nouvelle*

---

[44] F. Bacon emploie les termes *experientia*, *experiri* ou *experimentum* ou en anglais *experience* et *experiment* qui ne se distinguaient pas ou peu. Dans la *Nouvelle Atlantide*, le terme *experiment* revient plusieurs fois ainsi que les termes *try* et *trial* signifiant à la fois épreuve et procédure méthodique d'intervention sur la nature.

Atlantide, il décrit des procédés de transferts d'un processus naturel à celui de l'art comme l'arc-en-ciel recréé par un jet d'eau ou d'un art à un autre en usant d'une démarche analogique. À Bensalem, on varie les greffes d'arbres fruitiers pour avancer les fructifications, produire des fruits nouveaux ou dans un but médicinal. On construit des milieux de stockage ou on se sert de grottes pour varier la densité des corps, créer de nouveaux matériaux ou de nouvelles espèces à partir de matières putréfiées. Des bassins servent à accroître la taille et la reproduction des poissons, créant ainsi l'élevage scientifique de cette espèce, des fourneaux à accélérer la décoction, des hautes montagnes, on observe météores et vents, pluie et neige. L'affinage successif d'une matière ou d'un liquide constitue un autre procédé d'inventions comme les distillations successives de vin. On perfectionne les machines existantes telles que les moulins à vent ou à eau, les machines de guerre, les bateaux et les horloges et on s'emploie à créer des minéraux artificiels, des ciments, de nouveaux fils et des automates « en animant des sortes de répliques d'hommes, de quadrupèdes, d'oiseaux, de poissons et de serpents[45] » qui imitent les mouvements des êtres vivants pour leur donner force et vitesse.

À côté de rêves d'Icare ou de mouvement perpétuel, d'artifices pour de plus grands plaisirs des sens, F. Bacon fait une place non négligeable à la médecine qu'il critique. Sa stérilité est due à l'abandon des récits de cas singuliers, au manque de dissections, à la négligence dans l'étude des humeurs, à l'inconstance dans la recherche de traitements pour les maladies incurables et pour soulager la douleur ou adoucir l'agonie, en bref à une absence de clinique et d'anatomie. Quant aux médicaments, les prescriptions magistrales ne sont pas

[45] *La Nouvelle Atlantide, suivi de Voyage dans la pensée baroque*, *op. cit.*, p. 81-82.

appropriées aux traitements particuliers des divers troubles, d'où le succès des médecins empiriques et des vieilles femmes. À Bensalem, on construit des imitations de bains naturels et de fontaines curatives pour la vertu de leurs minéraux, on fabrique des médicaments issus de fermentations, de distillations et de compositions d'une grande variété de simples et l'eau de Paradis qui est bénéfique pour la santé et la prolongation de la vie. Dans l'*Histoire de la vie et de la mort*, F. Bacon décrit la durabilité, la décomposition graduelle du corps – atrophie, dessèchement, consomption –, leur réparation et rajeunissement, puis il dresse une liste de personnages bibliques, grecs, romains, des villages anglais ou des peuples de l'Inde ayant vécu fort longtemps, mettant en rapport leur longévité avec leurs actions et leurs caractères. Après avoir énuméré les effets de différents types de substances médicamenteuses, les propriétés de l'air et des végétaux, il recommande des régimes à base d'opiats, d'émollients et amaigrissants, d'éviter l'excès de substances qui provoquent une grande chaleur tels le vent, le safran ou l'ail et d'entretenir le mouvement. À la fin de la *Nouvelle Atlantide*, il évoque des transformations du tempérament, de la stature, de l'embonpoint, de la maigreur ou des traits d'un individu ainsi que l'augmentation de la capacité à supporter la torture et la douleur. Dans *Sylva sylvarum*, à partir d'observations fournissant des indications pour embellir la taille ou les traits des individus encore jeunes des deux sexes ou leur donner des agréments qu'ils n'ont pas eus naturellement et qui passent pour la perfection de certains milieux, il préconise de retirer fréquemment les mollets vers le haut de la jambe pour qu'ils se soutiennent mieux ou tirer fréquemment la peau vers le front vers la partie supérieure de la tête pour se procurer un front spacieux et élevé. À partir d'observations sur des animaux naissants qui, emprisonnés dans cages, prennent la forme du moule, il y voit un moyen pour avoir des nains de forme bizarre, monstrueuse et tout à fait extraordinaire et il explique l'existence d'enfants macrocéphales par un même phénomène de compression sur la tête durant leur séjour dans la matrice. Ces modifications du corps et du tempérament ont un but utile, philanthropique ou d'agrément. Aujourd'hui, leurs instruments auraient pour noms, chirurgie esthétique, antalgiques, morphine, sédation palliative, antidépresseurs et anxiolytiques, dons d'organe, de greffes et de prothèses, de bio et nanotechnologies, de techniques de séquençage de l'ADN, de médecine régénératrice... et de cyborgs. Il y a chez F. Bacon, un caractère presque démiurgique dans cette volonté de transformations qui concerne l'homme comme le vivant ou la matière.

Aucun domaine d'exploration n'échappe au projet baconien d'invention et de progrès fiables même s'il s'inscrit dans la continuité de techniques déjà connues. Ce vaste programme prospectif mis en œuvre par de vastes coopérations de savants s'étalant sur plusieurs siècles glorifie le Créateur et engendre l'espoir de retrouver la connaissance ante lapsaire que possédait Adam, opérant ainsi une partie de la Rédemption. L'appel à une responsabilité politique en matière de promotion et d'éducation scientifique et à la création d'Instituts fait de F. Bacon un moderne et ses idées sur l'amélioration et la transformation de données naturelles dont celles des hommes, un contemporain. S'il admet que l'histoire des sciences et des techniques n'est pas linéaire et comporte des périodes de stagnation, il n'en demeure pas moins un fervent partisan de leur progrès. « Le progrès des arts, écrit-il, ne peut infléchir légèrement [la nature], mais la vaincre, la subjuguer, et l'ébranler au plus profond de ses fondements[46]. » Entre l'administration de la nature par

---

[46] *Ibid.*

l'entendement qui suggère une image politique et juridique qui s'impose vu les fonctions occupées par Bacon[47] et une image guerrière ou chasseresse, le fil est ténu. Mais les arts comme la fabrication de conditions pour sonder les opérations de la nature sont d'abord des instruments qui donnent des connaissances sur les propriétés des choses : c'est en agissant sur la nature qu'on la comprend. L'autonomie du penser et sa capacité heuristique font de l'entendement l'opérateur premier des bienfaits de l'homme. Mais il convient de parler plutôt d'un collectif d'entendements ou de communautés hiérarchisées de savants, miroirs d'un savoir lui aussi compilé et réparti en des catalogues ordonnés. En ce sens, F. Bacon est un philosophe du multiple : c'est l'adjonction des esprits et la réunion partagée des travaux et des expériences qui créent le progrès des arts et des sciences. Le règne de l'homme se conquiert par une régénération des connaissances, fruit du labeur d'une collectivité dont la grandeur de leurs travaux réside dans une recherche du vrai et de l'utile ouverte sur les générations futures.

Si F. Bacon fut un entrepreneur d'idées, il faut tenter d'approcher qui fut A. Kircher à qui on a conféré une conception du monde trop holistique et dépassée tout en admirant l'étendue de son savoir.

Athanase Kircher

Le frontispice de l'ouvrage d'A. Kircher, plus élaboré que celui de F. Bacon, montre en sa partie inférieure un paysage avec

47 Il fut Solicitor royal, Attorney-général, Lord Keeper of the Great Seal, Lord Chancellor, puis pair du royaume, Baron de Verulam et Vicomte de Saint-Albans. Il a écrit des textes juridiques et fut favorable au projet d'union anglo-écossaise, officialisé au début du règne de Jacques Ier, il milite pour un droit de cité plénier.

un volcan ouvrant sur une mer où naviguent des bateaux. Cette partie est séparée du ciel par des nuages dont une de leurs fonctions, classique depuis le Moyen Âge, est d'illustrer à la fois la séparation et la circulation entre la terre et le ciel[48]. Au sommet de la partie supérieure, l'œil de Dieu surplombe une bannière où s'inscrivent les domaines suivants du savoir : théologie, métaphysique, physique, logique, médecine, mathématiques, éthique-morale, ascèse, jurisprudence, politique, rhétorique, théologie morale, controverse, discours[49]. Jusqu'à elle montent sept anges portés par des nuages et deux qui ornent les bras du trône (les coins supérieurs du trône portant des têtes d'hommes barbus : des sages, des philosophes). Au milieu du frontispice, c'est-à-dire entre le paysage terrestre et l'œil de Dieu, un œil et une oreille illustrent la vue et l'ouïe sources de connaissance : l'ouïe étant celui spirituel de l'écoute de Dieu[50] et/ou de la musique puisque A. Kircher a écrit le *Musurgia universalis sive ars magna consoni et dissoni* en 1650. Au-dessus d'eux, deux petites banderoles portent l'inscription : *ratione usu et experientia*. Puis, avec le soleil et la lune, on découvre une Sophia divine auréolée d'où partent des rayons lumineux et qui tient une table des arts séparée en trois colonnes. De droite à gauche, les trois premières lignes indiquent les termes, principes ou qualités, et les relations suivantes : Bien/Différence/Dieu ; grandeur/concorde/ange ; puissance/principe/éléments. Cette classification des catégories du savoir qui doit beaucoup à la logique de Raimond Lulle revêt un aspect à la fois encyclopédique et symbolique. Enfin, en grec est inscrit sous le

---

48 H. Damisch, *Théorie du nuage*, Paris, Seuil, 1972, p. 207-208.

49 Peut-être prédication : le terme latin est *concionatoria*.

50 Écouter et entendre figurent 427 fois dans le *Nouveau Testament* et 58 fois chez Jean. L'ouïe fait appel à l'intériorité du cœur : la foi vient de l'écoute, dit Paul dans l'« Épître aux Romains », 10, 17.

trône de la sagesse : « Rien n'est plus beau que de connaître le Tout. » Cette image est une célébration d'un savoir universel sous l'égide de la doctrine catholique et d'un herméneutisme dû à la fascination exercés par l'Égypte et ses hiéroglyphes sur un Kircher polyglotte et passionné de linguistique. Mais revenons à l'image du navire. Dans l'*Ars magna Lucis et Umbrae* de 1646, A. Kircher expose au lecteur comment il a construit son livre : « J'ai trouvé un tolet[51], j'y ai adapté une rame, j'ai disposé le mât et les voiles, j'ai construit le navire en le munissant de toutes sortes d'équipements ; puis j'ai voyagé à travers l'immense Océan des espaces célestes, autant qu'il était loisible à la fragilité d'un esprit humain. Lorsqu'enfin, j'ai pu contempler de plus près ces inépuisables richesses, je me suis arrêté, frappé de stupeur et d'admiration[52]. » Cet espace céleste est celui de toute la richesse sensible de l'univers dont la raison humaine et l'expérience, comme le confirme l'inscription *ratione usu et experientia*, doivent en démêler les mystères.

Mais quels sont le sens et l'usage de ces termes « raison » et « expérience » ? Selon A. Kircher, d'une part, la raison est l'expression de la sagesse divine, ce qui suppose qu'elle n'a qu'une différence de qualité et non de nature avec la raison divine et, d'autre part, tout est objet d'intelligibilité. La raison humaine parcourt le champ entier du visible et de l'invisible mais aussi de toutes les connaissances dont la parole révélée des Écritures y compris dans ses interprétations ésotériques, l'hermétisme et le

---

[51] Cheville de fer ou de bois plantée verticalement dans le plat-bord du navire, ou, pour parler plus rigoureusement, dans une planche clouée sur ce plat-bord. Définition du Littré.

[52] Cité par C. Chevalley, « L'*Ars Magna Lucis et Umbrae* d'Athanase Kircher. Néoplatonisme, hermétisme et “nouvelle philosophie” », in *Le discours scientifique du Baroque, Le Baroque*, revue internationale, N° 12, 1987. Site : https://journals.openedition.org/baroque/584

corpus philosophique de Platon, Plotin et des philosophes de la Renaissance, tel Cardan ou Nicolas de Cues. Ceci implique un caractère quasi incalculable des intérêts scientifiques de Kircher dont témoignent les titres de ses ouvrages. De l'*Ars magnesia* (1631), on passe à la *Lingua aegyptiaca restituta* (1643) que suit l'*Ars Magna Lucis et umbrae* (1646), le *Rituale Aegypticae sive Cophtitarum* (1647) et la *Musurgia universalis sive ars magna consoni et dissoni* en 1650. Puis l'*Oedipus Aegypticus* (1655), *Itinerarium extaticum secundum opificium coeleste* (1656) suivi par *Iter extaticum secundum, mundi subterranei prodromus* (1657) et du *Mundus subterraneus* (1665). Kircher écrit le *China monumentis qua sacra qua profanis* en 1667 et consacre plusieurs textes à la problématique de l'unification des Nombres dont, un an avant sa mort, le *Tariffa Kircheneria sive mensa Pythagorica expansa* puis suivront notamment l'*Ars Magna Sciendi sive Combinatoria* (1669), *Arca Noé* (1675) sur l'arche de Noé mais aussi sur l'origine des langues et *Turris Babel* (1679). À cette liste, loin d'être exhaustive, il faut ajouter aussi son cabinet de curiosités qui a fait une partie de sa célébrité et dans lequel on trouve des manuscrits d'Égypte, de Chine et de l'Antiquité, des histoires naturelles et des traités scientifiques, des tables et des données cartographiques, une abondante correspondance mais aussi des collections d'antiques, des instruments et des jouets scientifiques, des objets techniques et ethnographiques : talismans, médailles, automates, tels une tête automate qui profère des sons, lanterne magique, pantographe, microscope, orgue mathématique, « théâtre magnifique » qu'il a lui-même fabriqué où un danseur mu par un aimant évolue au sein de miroirs qui multiplient son image.

Cette raison plurielle, ouverte où l'astronomie s'associe à l'astrologie, la géométrie au mysticisme, la chimie à l'alchimie repose sur l'idée d'analogie et une recherche de l'origine, « principe unificateur de l'œuvre de Kircher », selon Joscelin Godwin[53]. Rendre intelligible cet ensemble suppose donc une mise en relation des différents niveaux de compréhension et une interprétation des phénomènes qui remonte le temps. A. Kircher donne sa définition du système : « un système est un signe renvoyant à quelques mystérieux arcanes ; en d'autres termes, il est de la nature du système d'amener notre âme à l'intelligence de réalités très différentes de celles reçues par les sens[54]. » Ainsi, son analyse des fossiles qui ne sont pas des restes organiques mais des images des corps célestes, des figures géométriques ou des symboles qui matérialisent des significations divines présentes dans le monde. Ses expériences relèvent des mêmes principes. Sur le problème de la génération des animaux qui soulèvent encore tant de questions anatomiques, physiologiques et théologiques au XVIIe siècle, il développe une théorie corpusculaire de la génération spontanée des êtres vivants qu'il relie à son interprétation de la création du monde relatée dans le livre de la Genèse : Dieu aurait accordé une certaine nature aux choses naturelles afin qu'elles surmontent la destruction à travers la propagation naturelle, par une force séminale et spermatique. Il a donc introduit dans la matière primordiale une panspermie ou semence universelle de la nature comme une réserve des germes de choses naturelles. Ensuite, chaque semence se propage par elle-même[55]. Il écrit dans le *Scrutinium pestis* de 1658 : « Toute

---

53 J. Godwin, *Athanasius Kircher, un homme de la Renaissance à la Quête du Savoir Perdu*, traduction S. Matton, Paris, J. J. Pauvert, 1980, p. 14.

54 *Id.*, p. 20-21

55 « Interprétation chymique de la création et origine corpusculaire de la vie chez Athanasius Kircher », Hiro HIRAI Centre d'histoire des sciences, Université de Gand, 2 Blandijnberg, B-9000 Gand, Belgique. Site : Interprétation chymique de la création et origine corpusculaire de la

chose vivante produit de sa propre pourriture quelques animaux congruents et différents des autres. Cela nous est prouvé par l'expérimentation actuelle de différentes herbes, et cela est vrai pour les grains qui sont transformés en vers volants [...] Les êtres humains (aussi bien que quelques brutes) génèrent des bêtes de lit, des poux et des puces, lesquels sont des compagnons intimes produits par la nature pour retirer le sang corrompu. Un corps mort, empli de pourriture, devient une pouponnière pour les vers. Les restes d'insectes, quand ils sont pourris, produisent des animaux de même nature[56]. » La mort des êtres vivants permet la libération d'esprits séminaux qui, en se répandant, rencontrent une autre matière et créent des individus plus simples que le cadavre d'origine. A. Kircher fait des expériences de génération spontanée de plantes à partir de leurs cendres ou versant du miel sur des mouches mortes et, voyant plus tard d'autres mouches tournoyer autour du miel, il suppose que la combinaison du miel et des mouches mortes produisait des mouches vivantes. De même, concernant le phénomène du magnétisme à propos duquel il se livre à de multiples expériences, autre problème remontant lui aussi à Aristote, il fait de Dieu l'aimant de l'univers. Le frontispice du *Magneticum Naturae Regnum* (1667) montre la main de Dieu tenant un anneau d'une chaîne du magnétisme et une banderole sur laquelle est écrit : « le monde est lié par des nœuds secrets[57]. » Le magnétisme traverse ainsi tout l'univers : terre, planètes, étoiles, phénomène des marées

... www.encyclopedie-universelle.net/.../abiogenese-generation-spontanee-athanase-kirch...

56 Cité in *Philosophiques*, Volume 34, Numéro 2, automne, 2007, p. 273-294, Justin E. H. Smith, « La génération spontanée et le problème de la reproduction des espèces avant et après Descartes. » Site : https://id.erudit.org/iderudit/016990ar

57 J. Godwin, *Id.*, p. 74.

mais aussi plantes, médecine ou force attractive de l'imagination, de la musique et de l'amour. Ses expériences sur les animaux (*zoomagnetismus*) ont inspiré F. A. Mesmer même si le biographe de ce dernier, Tischner, en fit un homme des lumières.

Lors de ses voyages, A. Kircher mène des observations et réalise des expériences : quand l'épidémie de peste ravage Rome et Naples, il examine le sang des victimes à l'aide de son microscope et, en 1659, dans le *Scrutinium pestis physico-medicum*, il estime que cette maladie est « une multitude d'animalcules et de vers flottant dans l'atmosphère et qui, lorsqu'ils sont aspirés à l'intérieur du corps par le jeu de la respiration, vicient le sang, affaiblissent la vitalité et finissent par ronger la chair et les glandes. Lorsqu'ils s'échappent d'un corps infecté et [...] sont absorbés par un sujet sain, ils répandent la peste. » Et qu'« on pourrait s'en protéger en allumant de grands feux dont les flammes consumeraient leurs ailes, leurs pattes ou leur trompe[58]. » Lors des éruptions de l'Etna et du Stromboli, il s'aventure dans le cratère du Vésuve où le « soufre brûlant et le bitume produisent des vapeurs insupportables ». Il en conclut que les volcans constituent les parties superficielles d'un immense réseau souterrain reliant des « centres de conflagration » issus d'un immense feu central, réfutant par là même la notion aristotélicienne de lieu naturel dont un des corollaires était la nature accidentelle du volcanisme. À Syracuse, il mesure la distance entre terre et navires, n'excédant pas 30 pas, il en déduit que les miroirs ardents d'Archimède ont dû fonctionner, c'est-à-dire incendier la flotte romaine du général

[58] Cité par F. Audoin-Rouzeau, *Les chemins de la peste : le rat, la puce et l'homme*, Paris, Presse universitaire de Rennes, 2003. Site : Frédérique Audoin-Rouzeau – Chapitre II. 1894-1898 : l'élucidation du ... books.openedition.org/pur/8382> On sait que le bacille de la peste ne sera découvert qu'en 1894 par A. Yersin.

Marcellus assiégeant Syracuse. Muni d'un télescope de son invention, il semble avoir aperçu les anneaux de Saturne dont il fournit les premières images imprimées ainsi que celles de Jupiter et les taches solaires. Mais il reste fidèle au système de Tycho Brahé combinant à la fois le système de Ptolémée et de Copernic et adopté par les jésuites, – il ne suit donc pas l'héliocentrisme des *Principia* de Newton (1687). Dans l'*Ars magna lucis et umbrae*, il reste un homme du XVIe siècle élaborant une cosmologie universelle et évoquant la magie comme « magie naturelle », connaissance des choses cachées au sein de la Nature qu'il oppose à la « Magie détestable transmise par Maître Diable[59] ». En géologie, il a compris le phénomène d'érosion et indique que les lacs et les rivières proviennent de réservoirs situés sous les montagnes : Alpes, Himalaya. Il étudie les courants marins et les tremblements de terre et introduit l'idée que l'intérieur de la Terre est digne d'attention : on sait que Descartes puis Leibniz adhèrent aussi à la formation ignée des roches.

En musique, il expose la doctrine baroque des affections et jette les bases de la classification moderne musicale, une large part étant faite aux instruments hébreux tandis que des relations de voyages permettent d'appréhender ceux des « Nègres, des Chinois, des Tartares, des Indiens ». Ajoutons que sa curiosité technique et sa connaissance des lois physiques mécaniques et acoustiques lui ont fait construire toutes sortes d'applications en horlogerie et en art de la navigation (astrolabes, des tables astrologiques, des cadrans solaires) et il a dû expliquer le fonctionnement de certaines machines, ayant été suspecté de

---

59 C. Chevalley, « L'*Ars Magna Lucis et Umbrae* d'Athanase Kircher. Néoplatonisme, hermétisme et "nouvelle philosophie" », *loc. cit.*

magie noire par l'entourage de l'archevêque de Mayence[60]. Il invente la harpe éolienne qu'il nomme « *aeolia camera* » : sorte de boîte qui porte une série de cordes tendues et qui, exposée aux vents, produit d'elle-même des sons ainsi qu'une *aeolia machina*, machine éolienne pour faire mouvoir automatiquement par le vent une sorte de carillon d'église mais aussi un orgue hydraulique, un mégaphone, une horloge végétale et des lanternes magiques[61].

Il apparaît ainsi que Kircher est un observateur passionné et même un inventeur d'expériences, que son œil de savant porte sur la Nature que Bacon a analysée de près – notion qui reste fondamentale en ce sens au moins jusqu'au milieu du XVIIIe siècle. Sans renoncer à ses bases chrétiennes, Kircher pour qui également la Nature est entièrement intelligible pour l'homme en est un lecteur qui se veut fidèle ; loin d'être un simple théoricien, il a un esprit pratique et même technique dans ses appréhensions du réel que Bacon n'aurait pas désavoué. On peut même suggérer que ses rapports au vivant, aux phénomènes chimiques mais aussi biologiques furent plus nombreux sinon tout à fait pertinents que chez bien des hommes de son siècle et que, déjà sur ce point, il retrouve nombre des interrogations de F. Bacon, d'où encore sa complexité de sa pensée.

Les questions scientifiques que Kircher comme les autres savants de son époque s'est posées et que nous venons d'évoquer ont connu de longs développements et leurs réponses ont dû parfois attendre les siècles suivants. Mais, en son temps, Kircher a fait l'objet de critiques qu'on qualifierait de scientifique au sens baconien du mot. L'histoire du problème de l'hypothèse de la

60 J. Godwin, *op. cit.*, p. 72.

61 Un tournesol fixé sur un bouchon de liège flottant dans un bassin d'eau. Dans une lettre, Descartes n'admet pas l'héliotropisme.

génération spontanée est exemplaire car si l'anatomie a fait des progrès au XVIIe siècle et si les médecins améliorent leur pratique, la biologie comme science demeure très en retard sur la physique[62]. Dans les *Primae cogitationes circa generationem animalium*, Descartes ne réfute pas la génération spontanée mais il en donne un principe physique : c'est l'action de la chaleur[63]. Le naturaliste Francisco Redi (1626-1697) découvre que les vers sur la viande n'apparaissent pas spontanément mais proviennent d'œufs pondus préalablement par des mouches. En 1768, un autre naturaliste, Lazzaro Spallanzani reprenant les expériences de J. T. Needham[64] montre qu'une ébullition suffisamment prolongée détruit les micro-organismes, les rendant stériles. En 1674, Antoine van Leeuwenhoek effectue les premières observations de ces micro-organismes à travers un microscope de

---

62 Ainsi que l'écrit J. Roger dans son ouvrage *Les sciences de la vie dans la pensée française du XVIIIe siècle. La génération des animaux de Descartes à l'Encyclopédie*, Paris, Armand Colin, 1963, les médecins du XVIIe siècle ont une formation générale et non spécialisée, – la botanique pouvant aller avec l'anatomie – et, ne se livrent à des expériences que sur le temps laissé libre par leur pratique médicale. Ils restent tributaires d'Aristote, des galénistes et des « aristotéliciens ». À côté d'une multitude de faits recueillis par les médecins ou des sages-femmes, demeure donc l'autorité de leur savoir. Le manque de certitudes et de bases fiables entraîne le doute et souvent la concomitance de plusieurs hypothèses et explications possibles ; ajoutons aussi le manque d'outils techniques pour l'observation.

63 « *Omne animal* [...] *ab eadem vi caloris diversimode concitentur* ». Adam-Tannery XI, p. 505. Sur ce problème du comment de la génération, cf. J. Lenoble, *Les sciences de la vie dans la pensée française du XVIIIe siècle*, Paris, Armand Colin, 1963.

64 L'expérience consistait à verser dans un bol du bouillon de viande ; une fois scellé et réchauffé, il était laissé en température ambiante. Au bout de quelques jours, le bouillon était empli de micro-organismes, apparus selon J. T. Needham de manière spontanée, la chaleur ayant détruit toute possibilité de contamination extérieure.

sa fabrication, offrant aux adeptes de la génération spontanée un nouveau champ d'application pour leurs idées. Mais, entre 1859 et 1861, Pasteur met au point un protocole expérimental de stérilisation démontrant que des matériaux biologiques aseptiquement prélevés ne fermentent que s'ils sont ultérieurement ensemencés par des germes microbiens. Concernant le magnétisme, Descartes annote le *Magnes sive de arte magnatica* (1641) de Kircher. Dans une *lettre à Huygens*, il écrit : « Je ne me repends pas non plus d'avoir lu le traité de l'aimant bien qu'il y ait aucune raison qui vaille et une seule expérience nouvelle », – expérience qu'il rappelle dans les *Principes de la philosophie*[65]. Mais ils divergent sur les propriétés de l'aimant même si A. Kircher en dénombre 33 et Descartes 34. Surtout, ce dernier donne une explication physique du magnétisme : la matière qui n'est autre que l'étendue peut être animée de tourbillons qui, de l'un à l'autre, transmettent des pressions.

Dans l'*Ars Magna lucis et umbrae* où A. Kircher cite la *Dioptrique* de Descartes (1637), il travaille à la constitution de tables de réfraction degré par degré et minute par minute dans différents milieux en utilisant la méthode numérique de Kepler, malgré son extrême complexité. Mais, sans la loi des sinus et son refus de supposer que la lumière puisse avoir une vitesse accrue dans les milieux plus denses, son effort est vain[66].

À propos des miroirs ardents qui suscitent au XVIIe siècle un véritable engouement, Descartes se montre incrédule quant à

---

[65] *Descartes, œuvres complètes*, Adam-Tannery, III CLXX, p. 301-302.

[66] Cf. note 22, C. Chevalley, « Le discours scientifique du Baroque », *loc. cit.*, Kircher définit le rayon lumineux comme une vibration : la réfraction s'expliquerait par la compression de l'épaisseur de cette vibration lorsqu'elle pénètre dans le milieu plus dense, tandis qu'inversement dans un milieu plus rare le rayon errerait, se dilaterait et diffuserait.

leur possibilité d'enflammer les galères romaines. Si Archimède a utilisé des miroirs concaves, il souligne que les rayons du soleil ne sont pas exactement parallèles et qu'on peut donc allumer du feu avec un miroir concave ou un verre convexe mais non pas le produire à une grande distance[67]. Le miroir ardent devenu, au XVIIIe siècle, un objet de divertissement, garde toutefois un intérêt chimique et physique et offre la possibilité de s'interroger sur la nature du soleil. En 1747, Buffon aidé par M. de Bernieres construit un miroir ardent constitué de 168 petits miroirs étamés planes avec lequel il fond un gros flacon d'étain pesant environ six livres et, en 1774, Lavoisier, utilisant des lentilles convergentes, invente le cuiseur solaire, ancêtre des fours solaires.

L'interprétation symbolique des fossiles de poissons d'A. Kircher est démentie par Leibniz dans la *Protogaea* – genèse de la terre conçue en 1690 et publiée après sa mort en 1749 –, où il émet l'hypothèse que ce sont des empreintes emprisonnées par le limon qui se sont solidifiées et transformées en pierre tant par leur propre constitution que par une sorte de capacité vitrificatrice.

Quant aux travaux linguistiques d'A. Kircher, ils contiennent d'importantes recherches et une collection de tous les alphabets qu'il a pu trouver. Il publie la première grammaire copte de l'Occident, le premier lexique sanskrit et laisse de nombreuses traductions inachevées de manuscrits arabes. Il a été aidé en cela par les connaissances linguistiques d'un maronite libanais (né en 1605 au Mont Liban), Abraham Ecchellensis, qui après avoir étudié six ans dans un monastère a rejoint le collège maronite de Rome pour être formé à l'école des jésuites. Appelé par Urbain

---

67 *Dioptrique* et *Lettre à Mersenne* du 15 novembre 1638 et *Les Principes de la philosophie* (Quatrième partie). Cf. O. Barbero, *Leibniz, un philosophe ludique, représentations publiques et progression du savoir*, Dijon, EUD, 2018.

VIII, il retourne à Rome en 1636 avec des manuscrits arabes et syriaques qu'étudiera Kircher.

Dans ces nombreux travaux sur les hiéroglyphes, ne possédant pas un corpus important d'inscriptions – c'est entre 1822 et 1824 que Champollion déchiffrera les hiéroglyphes mais à l'aide de la pierre de Rosette –, il y voit des symboles. Considérant l'Égypte comme le berceau post-diluvien des arts et des sciences, il pense que les hiéroglyphes recèlent les plus hautes doctrines philosophiques et mystiques connues mais que, jusqu'à Babel, les hommes parlaient tous la même langue, l'hébreu à laquelle s'ajouteront le grec, le latin, le teuton et le slave. On sait que la question de la nature et de l'origine du langage ainsi que la possibilité de retrouver la langue première interrogent continûment jusqu'à la fin du XVIIIe siècle où la langue adamique n'est plus un paradigme. Condillac lui substitue une langue des calculs et Leibniz perfectionne la combinatoire imparfaite de Kircher, ingénieuse mais impraticable pour tenter, à partir du *De arte combinatoria*, une caractéristique universelle, autrement dit des combinaisons simples et faciles permettant de composer et décomposer toutes les idées avec une précision algébrique.

Si la diversité des langues explique la diversité des religions comme le pense A. Kircher, leur source demeure l'Égypte qui fut colonisée par Cham introduisant l'idolâtrie par l'observation du ciel tandis que Noé restait dépositaire de la vraie sagesse. Son érudition encyclopédique des croyances et des liturgies religieuses – théologies antiques, kabbale, zoroastrisme, croyances et pratiques religieuses hindoues, chinoises pour ne citer qu'elles – lui permettent de se livrer à une étude comparée des religions, essayant de retrouver en chacune le principe ternaire de la trinité chrétienne.

Kircher est un homme de son siècle où la découverte d'un nouveau savoir a pour domaines privilégiés les mathématiques, l'optique, l'astronomie, où les savants perfectionnent leurs instruments, partagent des traités et correspondent (A. Kircher a beaucoup correspondu comme en témoigne le nombre de lettres retrouvées dans son cabinet de travail), où les informations arrivent de toutes parts : Europe, Nouveau Monde, Asie notamment par les missionnaires jésuites. Quoique le XVIIe soit le siècle de la rationalité, il relève encore de théories et de pratiques antérieures. Le modèle d'affinage baconien de la méthode et de l'entendement emprunte à la chimie ou à l'alchimie, termes qui, rappelons-le, au XVIIe siècle, ont encore le même sens mais qui contribueront au développement de la science moderne. Les textes alchimiques du Moyen Âge et les commentaires de l'œuvre de Paracelse sont largement diffusés y compris en langues vernaculaires. Pour F. Bacon, les alchimistes travaillent en laboratoire et, quelle que soit la pertinence de leurs expériences, ils font des découvertes, modifient la théorie pour intégrer l'évolution de ses travaux et, en se lisant et en se critiquant, font de l'alchimie une science vivante. Dans le livre II du *Novum Organum*, F. Bacon s'appuie sur la transmutation en or et les usages du feu pour donner des exemples de la manière dont doivent être conduites les recherches dans une histoire naturelle et expérimentale de qualité. Tous les alchimistes ne doivent donc pas être mis sur le même rang : « Il y a parmi eux, écrit F. Bacon, une catégorie utile, composée de ceux qui, affranchis dans une certaine mesure des théories, appréhendent les conséquences de leurs découvertes avec une sorte de subtilité mécanicienne[68]. » Certaines questions qui paraissent aujourd'hui fantaisistes n'en occupaient pas moins les esprits. Si Kircher a calculé la contenance de l'arche de Noé pour conclure qu'il reste de

[68] *Récusation des doctrines philosophiques et autres opuscules*, *op. cit.*, « Production virile du siècle ou grande restauration de la puissance humaine sur l'univers », p. 65.

l'espace libre, le philosophe et mathématicien Mersenne calcule encore le tonnage de l'arche de Noé : il évalue le volume à 450 000 milles coudées cubiques (une coudée valant à peu près 50 centimètres)[69]. On sait que Newton s'adonnait à l'alchimie et que Lavoisier qui découvrit le rôle de l'oxygène dans la combustion n'éliminait pas le phlogistique.

La diversité stylistique et l'invention de mots caractérisent les ouvrages d'A. Kircher qui sont eux-mêmes des patchworks de textes de géométrie, de récits de voyage réels ou imaginaires, de promenades dans le Latium ou de visite de la Sicile, de descriptions de végétaux et d'animaux exotiques, de plans concernant le montage d'instruments, de réflexions historiques et théologiques posés comme de polémiques contre des charlatans qui proposent des expériences fictives faussement prodigieuses, des dialogues et des exposés scolastiques. Mais l'écrit n'est ni son seul moyen d'expression ni son seul outil pédagogique : cartes, tables et tableaux, dessins, représentations graphiques que complexifient les multiples correspondances entre le microcosme et le macrocosme et entre les différents domaines du savoir représentent une double iconographie conventionnelle ou fantastique. Dans le quatrième discours de la *Dioptrique*, Descartes explique que la perfection des images dépend de ce qu'elles « ne ressemblent pas tant aux choses qu'elles pourraient le faire à l'exemple du procédé des tailles-douces. C'est l'imprécision des figures, leur aspect schématique et leur valeur de signe qui ont une vertu pédagogique et informative : elles attestent de la réalité objective des idées qu'elles sont censées évoquer ». Mais, on l'a vu, la conception du langage iconographique de Kircher est d'une originalité qui consiste non pas à transposer les réalités scientifiques en images

---

[69] Cf. R. Lenoble, *Mersenne ou la naissance du mécanisme*, Paris, Vrin, 1943, p. 234.

mais à montrer des images qui témoignent d'une intelligence graphique et des analogies et des parentés entre des domaines hétérogènes qui font sens dans sa conception de la Nature. On ne peut s'empêcher de penser aux dessinateurs de bandes dessinées ou de mangas aux mondes dystopiques.

Conclusion

F. Bacon sépare nettement la théologie de la philosophie, octroyant à la première une méthode dialectique devant définir l'usage et les limites de la raison en matière de religion et faire de la Révélation un ensemble de règles posées d'autorité. Pour A. Kircher, Dieu est la parole originelle du réel et du mot à décrypter par une étude de toutes les croyances connues et une philosophie qui explore et perce les merveilles de la Création. Pourtant, le réel renferme par lui-même un sens lisible qui intervient quand son savoir procède par des expériences qui, sans mettre en question ses pouvoirs, possèdent leur « autonomie ». Y a-t-il deux aspects de Kircher ? la question se pose mais sans doute sa réponse est-elle plus subtile que cette double pensée qu'on lui attribue souvent.

F. Bacon est un expérimentateur et déjà un taxinomiste, ce qui aura son importance à l'époque des Lumières. Son peu de considération pour les mathématiques et une induction encore en partie inféodée à Aristote ont sans doute limité la pertinence de son œuvre mais P. Gassendi, plus sensible à l'observation et à l'expérience sensible qu'aux raisonnements abstraits, s'en inspire, Diderot lui emprunte dans le *Système figuré des connaissances humaines* et d'Alembert, dans le *Discours préliminaire de l'Encyclopédie*, reprend, quoiqu'inversé son schéma tripartite : mémoire, imagination, raison[70].

Le baron de Verulam, Lord Chancellor et pair du royaume était au cœur des péripéties politiques de son siècle qui l'ont amené à rechercher des protecteurs ou fuir des adversaires mais aussi à rédiger des ouvrages politiques et d'administration de la vie civile. Le jésuite A. Kircher demeure lié au cadre idéologico-culturel de l'ordre jésuite formateur de grands penseurs du temps dans le siècle suivant la Contre-réforme et dont il contribue à modifier l'organisation des disciplines dans leur enseignement[71]. Il fit ou institua des expériences et était loin de n'être qu'un compilateur attiré par l'inexpliqué ; aussi, pour lui les « choses » ont à nous dire et on peut se demander à ce propos si Bacon n'était pas plus *optimiste* que A. Kircher quant à l'ordre du monde et nos aptitudes à le bien saisir.

Bacon et Kircher sont des « voyageurs de l'esprit » qui doivent se situer par rapport à l'esprit nouveau qu'ils veulent insuffler et qu'on appellera « raison et science » mais qui garde un coefficient de trouble en ces contextes. F. Bacon qui veut légitimer son intérêt pour le grand livre de la nature et d'une raison qui connecte les mots aux choses, met en place une méthode rationnelle dynamique et ouverte et une encyclopédie d'histoires naturelles. Sa démarche finale par l'écriture d'une utopie n'est pas innocente à cet égard, elle décrit un programme d'expérimentations et pose les conditions modernes d'un progrès technique. Le voyage intellectuel de Kircher, tout en participant aux valeurs scientifiques de son temps par l'expérience,

---

70 Cf. M. Malherbe, « Introduction », in *Discours préliminaire de l'Encyclopédie*, p. 9-77.

71 Catherine Chevalley, « L'*Ars Magna Lucis et Umbrae* d'Athanase Kircher. Néoplatonisme, hermétisme et "nouvelle philosophie" », *loc. cit.*, note 39.

l'invention d'instruments, les mathématiques et la magie naturelle qui expliquent la Nature, revêt un caractère de stupéfaction et d'admiration pour le monde sensible, ce « *maximus contractus*[72] » opposé au maximum absolu, Dieu. Ses recherches savantes ont pour but, en dévoilant l'ordre de l'univers, de manifester sa gloire et des mystères qu'on a attribués à la superstition ou à un naturalisme magique. Son imagination féconde qui a fait dire à Descartes qu'il était « plus charlatan que savant » et à C. Huygens qu'on trouve chez lui « plus de grimace que de bonne étoffe[73] », a pris un autre chemin que celui de l'utopie baconienne de la *Nouvelle Atlantide*. Les voyages de retour des navires du frontispice du *Novum organum* ayant fait leur collecte ramènent produits et savoir-faire dont les scientifiques, interprètes de la nature, feront des objets d'expériences et de savoir pour faire « reculer les bornes de l'Empire Humain en vue de réaliser toutes les choses possibles[74]. » La barque du jésuite Kircher regorge de faits mystérieux et d'un symbolisme qui en fait un conservateur du savoir et qui même, pour ne pas être directement utiles aux avancées scientifiques et techniques, font sens par leur apparente irrationalité elle-même. Ils disent un enchantement du monde

---

72 A. Kircher reprend une expression de Nicolas de Cues.

73 *Descartes*, Adam-Tannery, Paris, Vrin, 1996, III, *Lettre de Descartes* à Huygens 14 janvier 1643 et *Lettre de Huygens* à Descartes 7 janvier 1643, p. 301-302. D'après A. Baillet, biographe de Descartes, il semble qu'en 1645, la mauvaise opinion qu'avait d'abord Kircher au sujet de la philosophie de Descartes « qu'il confondait mal à propos avec celle de Démocrite », fait penser à ce dernier que « les Jésuites d'Allemagne et d'Italie ne lui voulaient pas du bien ». Mais il semble que ceux-ci sont revenus de leurs préventions dont Kircher qui recherche ensuite l'amitié de Descartes par la médiation du P. Mersenne mais apparemment en vain.

74 Sir F. Bacon, *La Nouvelle Atlantide*, *suivi de Voyage dans la pensée baroque*, *op. cit.*, p. 72.

qui interroge la science moderne qui se suffit des merveilles de l'univers qu'elle explore et des applications techniques qu'elle induit.

Chez F. Bacon, l'imagination, bien qu'elle doive se soumettre à la raison, lui permet de scruter les secrets de la nature et d'inventer de nouvelles voies d'exploration d'innovation technique et de renouvellement des sciences. Chez A. Kircher, elle est l'outil de jeux de *coïncidence et de ressemblance* entre un symbolisme plein de promesses et les données d'un savoir dû à sa prodigieuse information. Ceci pose une question quant à la part d'imagination laissée par les nouvelles technologies et quant à l'usage des actuels systèmes de diffusion du savoir.

CYCLES ÉPISTÉMIQUES.
PLAIDOYER POUR UNE HISTOIRE RAISONNÉE DES RUPTURES SCIENTIFIQUES

Mohamad K. Salhab

Rien, en effet, n'étonnerait autant un géomètre que si la diagonale devenait commensurable.
Aristote[1]

C'est au moment où un concept change de sens qu'il a le plus de sens.
Gaston Bachelard[2]

Les théories scientifiques (...) des filets (...) destinées à capturer le monde.
Karl Popper[3]

Que deux spécialistes de la science en œuvre aient exprimé, en des temps relativement voisins, des idées souvent voisines, sans se rencontrer et peut-être vraiment se connaître, doit être vu comme le témoignage d'un état de fait positif de la connaissance et de la raison à l'époque considérée.
Jean-Claude Beaune[4]

---

1 Aristote, *Métaphysique*, livre A, 2, 983a15, trad. Tricot, Paris, Vrin, 1991, p. 11.

2 Gaston Bachelard, *Le nouvel esprit scientifique* (1934), Paris, PUF, 1987, p. 56.

3 Karl Popper, *L'univers irrésolu*, Paris, Hermann, 1984, p. 36.

4 Jean Claude Beaune, *Bachelard et Popper, deux ennemis intimes : obstacles épistémologiques et falsifiabilité*, in R. Damien et B. Huffschmitt (éd.), Presses universitaires de Franche-Comté, 2006, p. 68.

Résumé

« La décadence de l'idée de progrès » annoncée en 1987 par Georges Canguilhem, marque un temps de la réflexion épistémologique : elle remet de nouveau en question le sens – signification et direction – de l'activité scientifique. L'activité d'observation et de critique conduit à une production renouvelée des représentations scientifiques. Le modèle cyclique ici avancé tend à en rendre compte. L'idée est présente chez Aristote qui pose l'étonnement comme point de départ de la science qui se renouvelle avec chaque obstacle et étonnement. En partant des travaux de Canguilhem et de Koyré, la démarche comparative que nous adoptons, nous conduit à revenir sur le statut de la prévision et de la cause dans la physique contemporaine, ainsi que des modalités de ruptures et de changements. La science, la plus actuelle, ne peut malgré son formalisme, oublier que toutes ses plus apparemment abstraites expressions et disputes possèdent d'incommensurables « applications technologiques » dont nous avons subi de mauvaises retombées mais qui nous ouvrent d'autres perspectives, encore mal connues mais déjà très inquiétantes et stimulantes à la fois. Mais mieux vaut d'abord en poser les principes.

Rupture épistémologique et catastrophe[5]

Georges Canguilhem annonce, en décembre 1987, la décadence de l'idée de progrès, dans un article paru dans une prestigieuse revue qui pouvait, à cette occasion, célébrer ses

[5] Nous prenons ici « catastrophe » au sens usuel qu'en donne le *TLFI* : « évènement brutal qui bouleverse le cours des choses ».

quatre-vingt-douze ans d'existence. Dans un raccourci saisissant, il précise :

« Les philosophes du siècle des Lumières ont conçu le Progrès comme manifestation de la perfectibilité naturelle de l'humanité. Le XIXe siècle a vu se ternir cette image d'avenir sous l'effet de ruptures épistémologiques et de surprises techniques. Conséquences imprévisibles de l'invention de la machine à vapeur, les principes de dégradation énergétique en physique, les analyses révolutionnaires des rapports d'inégalité socio-économique dans les sociétés industrielles ont entraîné la dislocation d'une idée qui avait joué le rôle d'un principe de conservation des valeurs. Chez Freud et chez Lévi-Strauss, le principe de Carnot est devenu principe de jugement de l'histoire[6]. »

Le XXe siècle débouche ainsi, selon Canguilhem, sur un effondrement produit par des processus qui étaient en œuvre. Quant aux éléments qui ont conduit à cet évènement, qui est aussi, devons-nous préciser, un avènement, l'auteur les ramène au surgissement de « conséquences imprévisibles » résultant de la rencontre (fortuite ?) de trois séries de causes a priori indépendantes relevant de la technique (la machine à vapeur, dont l'invention, observe Canguilhem[7], a précédé la théorie), de la science avec la découverte des lois de la dégradation énergétique en physique, et des rapports d'inégalités sociales engageant la morale et la politique. La rencontre de ces trois séries de causes s'est produite au XIXe siècle, engageant le sort du

---

6 Georges Canguilhem, *La décadence de l'idée de progrès*, Revue de Métaphysique et de Morale, année 92, 4, 1987, p. 437-454.

7 *Ibid.*, p. 441, « la machine à vapeur de Watt, détrônée au début du XIXe siècle par la machine à vapeur de Woolf », « machine, précise Canguilhem, inventée et améliorée dans son rendement avant et sans la théorie qui en rend le fonctionnement intelligible. »

siècle qui suit et débouchant sur un « jugement de l'histoire », formulé, selon Canguilhem, par Freud et par Lévi-Strauss. Mais, ajoutons-nous, rien a priori ne nous empêche de considérer un monde où une telle rencontre n'aurait pas été produite, ou encore, produite mais selon une autre modalité, et dans laquelle le déroulement historique aurait été autre. Ce qui nous conduit à dégager le fait que nous « connaissons » : ignorer la modalité exacte de cette rencontre, connaissance qui est, comme nous le verrons, d'une certaine importance. À défaut, la marche du XXe siècle caractérisée par cette jonction ou rencontre, ouvre sur un âge appelé par Dominique Lecourt, éminent disciple de Canguilhem, « l'âge de la peur », expression qui figure dans le titre d'un de ses ouvrages[8]. Or, l'observation de ce type d'ébranlement moral et intellectuel, de crise générale de la conscience, peut donner lieu à des comparaisons historiques, qui, loin de gommer les spécificités, permet de mieux les cerner et les décrire.

À cet égard, nous devons à Alexandre Koyré d'admirables pages dans lesquelles il décrit ce qu'il appelle « la crise de la conscience européenne » aux XVIe et XVIIe siècles. Koyré observe en effet que les deux siècles en question présentent les traits d'un monde moral et intellectuel marqué par l'avènement de la révolution copernicienne[9]. Or, l'observation des idées aux XVIe et

---

[8] Dominique Lecourt, *L'âge de la peur. Éthique, science et société*, Paris, Bayard, 2009. Il s'agit d'un recueil de chroniques rédigées pour un quotidien à grande diffusion, *La Croix*, entre 2003 et 2009.

[9] « Maintes et maintes fois, écrit Koyré, en étudiant l'histoire de la pensée philosophique et scientifique du XVIe et XVIIe siècle – elles sont en effet si étroitement entremêlées et liées ensemble que, séparées, elles deviennent incompréhensibles – j'ai été forcé de constater, comme beaucoup d'autres l'ont fait avant moi, que, pendant cette période, l'esprit humain ou, tout au moins, l'esprit européen, a subi – ou accompli – une révolution spirituelle très profonde, révolution qui modifia les fondements et les cadres mêmes de

XVIIe siècles le conduit – le « force », précise-t-il dans le passage reproduit en note – à situer dans la rupture opérée par « le développement de la cosmologie nouvelle, qui remplace le monde géocentrique des Grecs et le monde anthropomorphique du Moyen Âge par l'univers décentré de l'astronomie moderne »[10], le foyer d'une impulsion qui se propage, bouleversant l'ensemble du monde de la connaissance et de l'esprit. « Je n'ai pas besoin, écrit-il, d'insister sur l'énorme importance scientifique et philosophique de l'astronomie copernicienne qui, en arrachant la Terre du centre du monde et en la plaçant dans le ciel parmi les planètes, a sapé les fondations mêmes de l'ordre cosmique traditionnel avec sa structure hiérarchique et l'opposition qualitative du domaine céleste de l'être immuable aux régions terrestres ou sublunaires du changement et de la dissolution[11]. » Pourtant, il y avait bien lieu « d'insister »[12], ce que savait d'ailleurs Koyré qui poursuit : « Comparée à la critique profonde de ses bases métaphysiques par Nicolas de Cues, la révolution copernicienne peut paraître plutôt timide et très peu radicale. En revanche, elle a été beaucoup plus efficace, du moins à long terme ; car, comme nous le savons, le résultat immédiat de la révolution copernicienne fut

---

notre pensée, et dont la science moderne est à la fois la racine et le fruit. » Alexandre Koyré, *Du monde clos à l'univers infini*, Paris, Idées, Gallimard, 1973, p. 9.

10 *Ibid.*

11 *Ibid.*, p. 47.

12 Ni l'héliocentrisme de Copernic, ni la méthode qu'il met en œuvre n'étaient de son cru, car, comme le relève Koyré lui-même, « dans le sens technique du terme, Copernic est Ptoléméen », *op. cit.*, la note de la page 45. Quant à la représentation héliocentrique, elle est celle d'Aristarque de Samos, savant alexandrin du IIIe siècle avant J.-C., que Copernic reproduit fidèlement. Voir aussi les commentaires de Georges Lochak, *La géométrisation de la physique*, Paris, Flammarion, p. 32-34.

de répandre le scepticisme et l'ahurissement dont les vers célèbres de John Donne nous offrent une expression frappante, bien qu'un peu anachronique, en nous disant que

"La Philosophie nouvelle rend tout incertain,

L'élément du feu est tout à fait éteint ;

Le soleil est perdu et la terre ; et personne aujourd'hui

Ne peut plus nous dire où chercher celle-ci.

Les hommes confessent franchement que ce monde est fini

Lorsque dans les planètes et firmament

Ils cherchent tant de nouveau ; puis voient que celui-ci

Est dissous à nouveau dans les Atomies.

Tout est en morceaux, toute cohérence disparue.

Plus de rapports justes, rien ne s'accorde plus"[13]. »

Il ne nous a pas paru déplacé de reproduire les vers de John Donne que cite Koyré, ils expriment la puissance et la profondeur de la rupture opérée par l'astronomie nouvelle. N'est-ce pas aussi une manière d'illustration de l'efficacité de Copernic aux yeux de Koyré, qui aurait pu, croyons-nous, ajouter en cette occasion : si tout est en morceaux, alors tout est à reprendre de nouveau.

Deux grands penseurs de l'histoire de la science en marche, présentant deux ruptures scientifiques et historiques majeures – aux contenus certes différents mais présentant de fortes analogies qu'il reste à préciser – se rapportant à deux périodes différentes, quand bien même elles se succèdent, ne nous autorisent-ils pas à orienter vers un travail sur la progression et les cycles des ruptures épistémologiques, de leur déclenchement, leur progression et leurs conséquences ? C'est à ce travail que nous

---

[13] Koyré, *op. cit.*, p. 47-48.

consacrons la suite de nos développements en proposant, dans un premier temps, comme hypothèse la notion de cycle épistémique, d'établir ensuite des précisions quant à ses moments et ses orientations, avant de revenir sur des problèmes actuels posés par la prévision et la critique.

Le modèle aristotélicien en question

Dans le livre A de la *Métaphysique*, Aristote dit :

« Ce fut, en effet, l'étonnement qui poussa, comme aujourd'hui, les premiers penseurs aux spéculations philosophiques. Au début, ce furent les difficultés les plus apparentes qui les frappèrent, puis, s'avançant ainsi peu à peu, ils cherchèrent à résoudre des problèmes plus importants, tels que les phénomènes de la Lune, ceux du Soleil et des Étoiles, enfin la genèse de l'Univers. Apercevoir une difficulté et s'étonner, c'est reconnaître sa propre ignorance (et c'est pourquoi aimer les mythes est, en quelque manière, se montrer philosophe), [...] car le mythe est composé de merveilleux[14]. »

Ce passage d'Aristote, il faut bien le dire, n'est pas sans étonner, si ce n'est que par le fait que le mythe y figure parmi les issues de la recherche philosophique et scientifique[15]. Son importance est de décrire un parcours et une périodisation. Une recherche scientifique démarre avec la mise en question d'un savoir reçu, mise en question qui produit l'étonnement qui, à son

---

[14] *La Métaphysique*, A, 2, 932b12-20, trad. J. Tricot, Paris, Vrin, 1991, p. 8-9. Jeanne Hersch qui s'interroge sur l'étonnement philosophique, retient l'Aristote du système et de l'ontologie et non l'Aristote de l'étonnement. À Chaque époque et à chacun son Aristote. Voir : *L'étonnement philosophique. Une histoire de la philosophie*, Paris, Gallimard, 1981.

[15] On retrouve chez Popper, comme on le sait, une idée comparable. Nous y reviendrons.

tour, produit un savoir très particulier : la connaissance de l'ignorance. Alors, il est fait appel à une démarche, c'est-à-dire à la méthode, qui, à son tour, produit une nouvelle connaissance ou débouche sur le mythe, le merveilleux aussi, on l'a vu. À moins de conduire à une connaissance parfaite ou éternelle – ce qui ne peut se produire que dans les seuls cas d'une tautologie ou d'un syllogisme inconditionnel[16] –, la séquence de la recherche décrite par Aristote est cyclique : elle reprend avec chaque remise en question d'un savoir reçu. En tenant compte de la spécificité de l'objet mathématique par rapport à la physique, c'est ainsi que nous lisons ce passage : « il semble, au premier abord, étonnant à tout le monde qu'une quantité ne puisse être mesurée même par l'unité la plus petite. Or, nous devons finir par l'étonnement contraire et, selon le proverbe, par ce qui est meilleur, comme il arrive dans ces exemples, dès qu'on est instruit de la cause »[17]. C'est par conséquent la connaissance par la cause qui est recherchée et qui permet de répondre à l'étonnement.

Il nous faut, toutefois, prendre la mesure de cet étrange type de connaissance qu'est la « connaissance de l'ignorance » et dont il faut souligner la valeur et la pertinence. Et il n'est peut-être pas déplacé d'ouvrir ici une parenthèse et de faire quelques rapprochements. À commencer par la célèbre maxime socratique de la connaissance de sa propre ignorance ou encore la *Docte ignorance* de Nicolas de Cues. Plus près de nous Bachelard, qui retrouve la question du point de vue de la formation de l'esprit scientifique, écrit : « Quand il se présente à la culture scientifique, l'esprit n'est jamais jeune. Il est même très vieux, car

[16] Nous nous permettons de renvoyer ici à notre ouvrage *La tradition scientifique. Méthode et histoire*, Paris, L'Harmattan, 2006. Ce qui explique par ailleurs aussi que l'histoire des mathématiques est cumulative, non celle de la physique.

[17] Nous interprétons en ce sens le passage d'Aristote mis en exergue, 983a15.

il a l'âge de ses préjugés. Accéder à la science, c'est spirituellement rajeunir, c'est accepter une mutation brusque qui doit contredire un passé[18]. » N'est-ce pas le produit de l'étonnement aristotélicien que décrit ainsi Bachelard ? Ce rajeunissement et cette mutation ne semblent pas éviter, comme le montrent Canguilhem et Koyré, les douleurs de l'enfantement. Notons enfin, toujours à titre de comparaison et de rapprochements tâtonnants, que c'est l'importance décisive de l'inconnue x de l'algèbre qui parait engagée dans ce type de connaissance de l'ignorance prônée par Aristote. Nous nous efforçons, dans la suite, de trouver d'autres exemples.

Planck et la matière découverte

Quand, en octobre 1874, Max Planck, âgé de 18 ans, se présenta pour s'inscrire à l'université, il hésita entre des études de musique, de physique ou de philologie. Muni d'une remarquable éducation classique selon les principes de la haute culture de la *Bildung*, et d'un don reconnu pour les mathématiques, il finit par embrasser la physique, malgré le conseil qui le persuadait de se consacrer à cette branche de la connaissance où il n'y aurait plus rien d'essentiel à découvrir[19]. C'était l'époque où William Thomson, alias Lord Kelvin, pouvait affirmer que la science physique possédait désormais ses principes fondamentaux et était pratiquement achevée. Planck présenta sa thèse de doctorat, en juillet 1879, portant sur le deuxième principe de la thermodynamique, ou principe de Carnot. Le 14 décembre 1900, il présenta, devant la Société de physique de Berlin, un mémoire intitulé : *Sur la théorie de la loi de distribution d'énergie*

[18] Bachelard, *La formation de l'esprit scientifique*, 1938, p. 14.

[19] *Dictionary of Scientific Biography*, tome XI, New York, 1970, p. 7.

du spectre normal, dans lequel il établit le principe d'une constante universelle *h*, minimum absolu d'énergie échangée entre matière et rayonnement, ou quantum universel d'action, à partir de l'observation de rayonnement du corps noir. En rupture radicale avec la représentation classique d'une matière ultime, sombre, continue et sans action, Planck établit que l'échange se produit par paquets discontinus dont l'importance augmente avec la fréquence du rayonnement. À partir de ces données, Gaston Bachelard – qui parlait plus volontiers, il est vrai, de relativité – pouvait avancer, en 1934, sa formule de « dématérialisation du matérialisme », caractéristique principale, selon lui, du « nouvel esprit scientifique[20] ».

En 1905, Planck reçoit des mains de celui qu'il appellera « le Copernic du XXe siècle »[21], Albert Einstein, un mémoire portant sur la composition granulaire de la lumière (quanta). Dans ce mémoire, Einstein réactive la conception corpusculaire de la lumière, avancée par Newton, concurrencée et évincée par la suite par la conception ondulatoire de Huygens. La dualité onde-corpuscule, établie en 1924 par Louis de Broglie, s'installe durablement dans la théorie physique nouvelle. Entre-temps, Niels Bohr, en 1913, applique la théorie des quanta au modèle de l'atome de Rutherford, et Arnold Sommerfeld, en 1915, affine ces résultats en intégrant les données de la relativité (restreinte) d'Einstein[22]. Au Ve Congrès Solvay, tenu à Bruxelles en

---

20 Bachelard, *Le nouvel esprit scientifique*, p. 71.

21 Planck, *Autobiographie scientifique*, Introduction par André George, Paris, Albin Michel, 1960, p. 18.

22 Voir Stéphane Deligeorges (sous la direction de), *Le monde quantique*, coll. Sciences & Avenir, Seuil, Paris, 1984, p. 21 et s. La présentation de cette histoire en étapes et en périodes se retrouve dès 1932 chez Alexandre Kojève, *L'idée de déterminisme dans la physique classique et dans la physique moderne*, Librairie Générale de France, Paris, 1991, p. 264.

octobre 1927, qui a réuni les plus éminentes sommités de la physique contemporaine, Heisenberg et Born, et Bohr exposent leur interprétation de la nouvelle théorie des atomes, adoptée par la suite, comme on le sait, par la majorité des physiciens, sous la dénomination d'interprétation de Copenhague. Par rapport à la physique classique, Heisenberg introduit sa formule de la relation d'indétermination, et adopte une conception probabiliste et formaliste de la théorie (quantique) des particules. Il précisera : « la théorie des quanta contraint à donner aux lois une formule statistique et à abandonner le principe du déterminisme. » Il ajoute : « Depuis les travaux d'Einstein, de Bohr et de Sommerfeld, la théorie de Planck s'est révélée la clé qui donne accès au domaine entier de la physique atomique[23]. » De son côté, Bohr rattache les deux théories majeures de la physique du XXe siècle, la relativité d'Einstein et la théorie quantique qu'il défend avec Born et Heisenberg, à la découverte du « quantum d'action universel », comme il le rappelle dans un discours prononcé lors de la célébration du 70e anniversaire de Planck en 1929[24].

L'idéal de connaissance scientifique, décrite par Laplace, au début du XIXe siècle, qui prétend saisir « dans la même formule, les mouvements des plus grands corps de l'univers et ceux du plus léger atome » de sorte que « rien ne serait incertain pour elle et l'avenir comme le passé seraient présents à ces yeux »[25], en cet idéal, cède pour laisser place à un savoir statistique, un savoir non

---

[23] Werner Heisenberg, *La nature dans la physique contemporaine*, Introduction par Catherine Chevalley, Paris, Gallimard, 2000, p. 155.

[24] Niels Bohr, *Physique atomique et connaissance humaine*, traduction de l'anglais par Edmond Bauer et Roland Omnès, revue par Catherine Chevalley, Paris, Gallimard, 1991, p. 225.

[25] Voir la présentation de Daniel Auffret à Alexandre Kojève, *L'idée de déterminisme*, p. 15.

pas des objets physiques envisagés comme des individualités caractérisées par des conditions propres, mais à celui, plus confus, d'un mouvement de foules, comme le relève Einstein[26]. De son côté, Erwin Schrödinger insiste sur le fait qu'avec la physique nouvelle, c'est la notion d'*identité* qui perd sa consistance[27]. Pour lui, ce n'est point la matière qui produit l'unité ou l'identité des objets, mais bien « la forme ou la configuration (en allemand : *Gestalt*) »[28]. Selon les nouvelles vues, les molécules qui composent un objet ou un corps physique sont dans un perpétuel mouvement et un changement incessant, son identité ne nous étant reconnue que par sa forme. À cela s'ajoute un problème que relève la théorie corpusculaire et qui découle de l'observation selon un dispositif présenté en 1801 par Thomas Young, appelée « fentes de Young ». Un rayon de lumière ou un rayonnement venant d'une matière qui passe à travers un trou minuscule, une tête d'épingle (dans l'exemple de dispositif décrit par Einstein), ou une fente très mince (Schrödinger), produit des taches, projetées sur un écran qui les reçoit, différentes, selon qu'on les fait passer par l'un des trous d'épingle (ou fentes) successivement ou simultanément[29]. Il s'agit d'une expérience de base de la physique des particules mais qui ne manque pas de poser la question déroutante de la non-séparabilité des objets[30]. Or, nous devons préciser que la rupture entre la théorie physique classique et la théorie contemporaine est de nature spécifique :

---

26 *L'évolution des idées en physique*, p. 264.

27 Erwin Schrödinger, *Physique quantique et représentation du monde* (textes de 1935 et 1951), Seuil, Sciences, Paris, 1992, p. 37-40.

28 *Ibid.*, p. 39.

29 Voir, Einstein, *L'évolution des idées en physique*, p. 261 ; Schrödinger, *op. cit.*, p. 62 et s.

30 Voir B. d'Espagnat, *La non-séparabilité ou l'insaisissable réalité*, in *Le monde quantique*, *op. cit.*, p. 141.

elle ne consiste pas à infirmer directement les fondements de la théorie classique, mais elle ajoute un nouveau champ d'observations qui en transforme le sens et la portée. Le problème est d'un ordre différent, il est celui de rendre compte d'objets nouveaux que la physique classique ignore.

En 1900, Planck percevait, sans doute, au moins, le fossé spirituel, scientifique et psychologique qui sépare les deux mondes de la physique classique et de la physique nouvelle. Schrödinger rapporte que « Max Planck fut sérieusement effrayé par l'idée d'un échange discontinu d'énergie qu'il avait introduite (1900) pour expliquer la distribution de l'énergie dans le rayonnement du corps noir. Il fit de grands efforts pour affaiblir son hypothèse, et pour l'éliminer dans la mesure du possible, mais ce fut en vain[31]. » – C'est, il faut bien le dire, tout à la fois une histoire et une épistémologie scientifique, envisagées comme une « psychanalyse de la connaissance objective »[32] et comme une poétique des éléments premiers, telles que pratiquées par Bachelard, qui sont ainsi en perspective[33].

Dans leur présentation commune au Congrès Solvay, que Catherine Chevalley juge comme étant « l'un des plus beaux textes de l'histoire des sciences »[34], Born et Heisenberg affirment le caractère à la fois intuitif et complet de la théorie quantique. Elle est intuitive en ce sens où elle ne comporte pas de

---

[31] Schrodinger, *op. cit.*, p. 73.

[32] C'est, comme on le sait, le sous-titre que donne Bachelard en 1938 à son ouvrage portant le titre : *La formation de l'esprit scientifique.*

[33] Cette double perspective est actuellement reprise et développée avec brio dans des travaux récents, comme le montre le beau livre de Vincent Bontems et Roland Lehoucq, *Les idées noires de la physique*, Paris, Les Belles Lettres, 2016. Aussi Vincent Bontems, *Bachelard*, Paris, Les Belles Lettres, 2010.

[34] C. Chevalley, *La nouvelle science*, *op. cit.*, p. 39.

contradiction, l'intuition se portant ainsi non pas sur des images sensibles mais sur un « concret » de nature mathématique[35]. Quant à la complétude, elle ne se réfère pas au fait de refléter tous les aspects du réel, mais au fait que « dans son domaine d'objets propre, elle peut donner une réponse à toutes les questions formulables »[36]. C'est ce dernier aspect que rejette Einstein, présent au Congrès mais qui n'a pas présenté de communication. Quant à la contribution de Bohr, elle revient à interroger la manière, le langage et les outils qui permettent de rendre compte d'objets que la physique classique ignore, et c'est dans cette perspective qu'il pose sa conception de la complémentarité. De ce point de vue, Bohr s'éloigne des thèses adoptées par Thomas Kuhn qui s'attache aux idées d'incommunicabilité et d'incommensurabilité des paradigmes qui régissent les périodes d'exercice de « science normale[37] ». Avec Kuhn, l'image tombe du coup dans la sociotechnique et la science appliquée devient plus directement « humaine ».

Cause et probabilité : les machines à réfuter de Bohr et Einstein

Dans un ouvrage édité en 1949 en hommage aux travaux d'Albert Einstein, Bohr présente sa version du débat qu'il a entretenu avec Einstein sur les vues qui les unissent et celles qui les séparent[38]. Le texte, il faut le dire, est d'une grande subtilité et

---

35 *Ibid.*, p. 41.

36 *Ibid.*

37 Thomas Kuhn, *La structure des révolutions scientifiques*, 1962 et 1970, Paris, Flammarion, 1983.

38 Bohr, *Physique atomique et connaissance humaine*, 1949. Le titre de la contribution de Bohr est : *Discussion avec Einstein sur des problèmes épistémologiques de la physique atomique*, p. 195-248.

la progression de Bohr se fait sur plusieurs niveaux et « ondes ». Il commence par souligner que la théorie de la relativité d'Einstein et la théorie quantique qu'il défend retrouvent un point de départ commun : la découverte de la constante universelle d'action par Planck qui l'a formulée, suite à ses travaux sur la thermodynamique et la mécanique statistique de Boltzmann. Le mérite qu'il reconnaît d'emblée à Einstein est de traduire, dès 1905, cette donnée dans le domaine du rayonnement lumineux et d'introduire par là le concept de photon comme quantum de lumière. À peine ce mérite reconnu, Bohr observe qu'une telle présentation comporte cependant un « dilemme » qui vient du fait que la description des phénomènes de propagation de lumière ne peut pas être présentée exclusivement avec la seule idée de photon, elle doit faire appel aussi à une idée d'« image ondulatoire » et de probabilité. Ce qui conduit à restreindre au seul calcul des probabilités l'estimation des « occurrences des divers processus individuels de rayonnement »[39], ramenant ainsi la question du mouvement du photon d'Einstein sur le terrain de la théorie quantique. Or, c'est ce que fait Einstein lui-même dans un article de 1917 sur l'équilibre radiatif, de manière très juste et très louable aux yeux de Bohr[40]. Mais il rejette l'attachement d'Einstein à la théorie classique de la causalité, préférant réserver à cette théorie un usage restreint et contrôlé, qui se justifie par les besoins de l'expérience et de la communication[41]. Ce qui ne

---

39 *Ibid.*, p. 198.

40 *Ibid.*, p. 200-201 : « Einstein souligna de la façon la plus suggestive le caractère fondamental de la description statistique en attirant l'attention sur l'analogie qui existe entre les hypothèses relatives à l'occurrence des transitions radiatives spontanées et des lois bien connues qui gouvernent les transformations des substances radioactives. »

41 *Ibid.*, p. 207 : « il importe de façon décisive que *d'aussi loin que les phénomènes puissent transcender le domaine des explications de la physique*

constitue nullement une raison de rejeter la relation d'indétermination de Heisenberg ou de négliger les conséquences sur la spécificité des conditions de l'observation. Bohr précise ainsi : « le concept de complémentarité [...] permet de rendre compte des traits d'individualité caractéristiques des phénomènes quantiques, et de clarifier en même temps les particularités du problème de l'observation en ce domaine de l'expérience[42]. »

Bohr considère qu'aucune observation dans le domaine des particules ne peut se faire sans que l'observateur ne perturbe l'objet observé, et qu'aucune observation ne peut atteindre le degré d'objectivité postulée par la théorie classique. Or, c'est précisément cette question qui est disputée entre la théorie quantique et la théorie de la relativité et qui décide du sort de la conception classique de causalité. « La théorie de la relativité, précise Bohr, maintient dans tout système de référence la description causale, alors qu'en théorie quantique l'interaction incontrôlable entre objets et instruments de mesure nous oblige à y renoncer[43]. » Le différend alors ainsi localisé, va donner lieu à la mise en place d'un dispositif d'observation qui tend à séparer de plus en plus les instruments de l'objet observé, portant sur la réfraction d'une particule à travers les fentes de Young. Bohr présente ainsi sept ou huit versions successives de dispositifs

classique, la description de tous les résultats d'expérience doit être exprimée en termes classiques. La raison en est simple : par le mot "d'expérience" (*experiment*), nous nous référons à une situation où nous pouvons dire à d'autres hommes ce que nous avons fait et ce que nous avons appris ». Ce qui conduit à un usage convenable de la terminologie de la physique classique afin de décrire le dispositif expérimental mis en œuvre ainsi que les résultats observés.

42 *Ibid.*

43 *Ibid.*, p. 209.

d'observation de plus en plus affinés, mais qui ne permettent pas de sortir de l'exclusion quantique à la fois de la vitesse et l'emplacement de l'objet : si l'on gagne dans la connaissance de l'un de ces éléments, on perd dans celle de l'autre. Et il s'agit là, aux yeux de Bohr, d'un « exemple typique » de complémentarité[44]. Bohr en conclut : « L'interaction finie entre l'objet et les instruments de mesure, conséquence immédiate de l'existence du quantum d'action, entraîne – parce qu'il est impossible de contrôler la réaction de l'objet sur les appareils – la nécessité de renoncer définitivement à l'idéal classique de causalité et de modifier de fond en comble notre attitude à l'égard du problème de la réalité physique[45]. » Cette suite d'expériences prend ainsi aux yeux de Bohr la valeur d'une expérience cruciale.

Le refus d'Einstein de se délester de la causalité de la théorie classique paraît alors injustifié et relèverait, selon Bohr, d'un trait de caractère d'Einstein qui, comme il le souligne, accorde l'extrême rigueur de l'analyse et de la synthèse théorique avec l'humour. En réalité, la remarque de Bohr n'est pas incidente ou gratuite ; elle prépare le terrain pour montrer tout à la fois la validité de la théorie quantique qui renonce à l'idée classique de causalité, la pertinence de sa propre théorie de la complémentarité, tout en prenant, comme objet et comme preuve, l'illustre trait de caractère d'Einstein[46]. Aux yeux de Bohr, l'argumentation en 1935 d'Einstein, Podolsky et Rosen (argument EPR), ne peut pas tenir car il est impossible de produire une observation dans le domaine quantique sans

---

44 *Ibid.*, p. 218.

45 *Ibid.*, p. 237.

46 *Ibid.*, p. 248 : « Dans son effort entre le sérieux et l'humour, la personnalité d'Einstein un lumineux exemple » de complémentarité.

perturber l'objet observé[47]. Ce qui est une question scientifique mais éminemment technologique. Notons que la conclusion de Bohr ne mettra pas fin au débat. Il sera repris et discuté par John Bell en 1964, ensuite par Alain Aspect, à partir de 1976, avec des dispositifs d'observation et des machines de plus en plus sophistiqués qui, sans invalider les résultats de la théorie quantique, laisse A. Aspect, qui exprime sa méfiance vis-à-vis de l'idée d'expérience cruciale, affirmer le sentiment d'un résultat « plutôt blanc »[48].

Paralogisme et totalité ou des deux procès de Sir Karl Popper

Dans un retentissant procès qui a opposé les adeptes du créationnisme aux tenants de l'évolution darwinienne, procès qui eut lieu aux États-Unis dans les années 1980, les créationnistes ont demandé l'inscription du récit biblique de la Création dans les programmes scolaires, à titre de parité de traitement *(Balanced treatment)* reconnue par la justice américaine, dans les programmes officiels d'enseignement scolaire, au même titre que la théorie de l'évolution de Darwin. Lors des débats, l'épistémologie de Karl Popper sera appelée à la barre pour témoigner. Représentant du créationnisme, Duane T. Guth argumente en ces termes : « L'éminent philosophe des sciences Karl Popper, bien qu'étant lui-même un évolutionniste, a montré avec force que l'évolution, pas moins que la création, n'est testable ni donc prouvable *(untestable and thus*

---

47 *Ibid.*, p. 235 qui cite l'argument EPR ainsi : « Si, sans perturber en aucune façon un système donné, nous pouvons prédire avec certitude (c'est-à-dire avec une probabilité égale à l'unité) la valeur d'une quantité physique, il existe un élément de réalité physique correspondant à cette quantité. »

48 Au crible de l'expérience, *in* S. Deligeorges, *Le monde quantique*, p. 139.

unprovable). Ainsi pour qu'on puisse qualifier une théorie de scientifique, elle doit être soutenue par des faits *(events)*, des processus ou des propriétés qui puissent être observés, et la théorie doit être utile pour prédire la venue de phénomènes ou de résultats expérimentaux en laboratoire. Une autre limitation d'ordinaire imposée tient à ce que la théorie doit être susceptible de réfutation. Autrement dit : il doit être possible de concevoir quelque expérience dont l'idée vaudrait comme preuve contre cette théorie. C'est en se fondant sur de tels critères que la plupart des évolutionnistes refusent de considérer la création comme une explication possible des origines. Aucun observateur humain n'a pu assister à la création, elle ne peut être soumise à un test expérimental, et en tant que théorie elle n'est pas falsifiable. Mais cette argumentation porte aussi contre la théorie de l'évolution. "La théorie générale de l'évolution ne répond de plus à aucun des autres critères"[49]. » Nous ignorons la réponse de Karl Popper à la plaidoirie de Guth, mais nous savons que Popper sera appelé à témoin dans une autre occasion et à propos d'une théorie sur laquelle il s'était prononcé : la théorie des mondes multiples de Hugh Everett.

Everett, qui part des travaux de Schrödinger sur la fonction d'onde, établit ce qu'il appelle « théorie de la fonction d'onde de l'univers » (présentation de Popper[50]), qui permettrait de « capitaliser » l'ensemble des phénomènes produits par les évènements quantiques. Ainsi, notre univers aurait connu une phase d'inflation accélérée, qui a produit des univers parallèles en quantité illimitée (au nombre des évènements quantiques), qui ne peuvent cependant pas communiquer. Dans une telle

---

[49] Cité par Dominique Lecourt, *L'Amérique entre la Bible et Darwin*, PUF, Paris, 1992, p. 112-113.

[50] Popper, *La théorie quantique et le schisme en physique*, Paris, Hermann, 1996, p. 89.

perspective, le Chat de Schrödinger ne connaîtrait pas seulement la vie et la mort dans deux mondes parallèles, chaque évènement quantique produisant, à son tour, une bifurcation qui sera à « l'origine d'un nouvel univers[51] ». En généralisant aux évènements possibles d'une existence, on arrive à une infinité qu'il nous est difficile d'imaginer.

C'est par conséquent en écho à la question de l'inflation cosmique, et en se référant aux données de la théorie quantique, dans une perspective critique[52], qu'Everett propose son interprétation. L'existence de mondes parallèles et qui ne communiquent pas est par définition une donnée non observable et, par conséquent irréfutable. Elle se rapproche sur ce

---

[51] Sur les « évènements quantiques » dans l'expérience du Chat de Schrödinger : *Physique quantique et représentation du monde*, p. 106 : « Un chat est enfermé dans une enceinte d'acier avec le dispositif infernal suivant (qu'il faut soigneusement protéger de tout contact direct avec le chat) : un compteur Geiger est placé à proximité d'un minuscule échantillon de substance radioactive, si petit que, durant une heure, il se peut qu'un seul des atomes se désintègre, mais il se peut également, et avec une grande probabilité, qu'aucun ne se désintègre ; en cas de désintégration, le compteur crépite et actionne, par l'intermédiaire d'un relais, un marteau qui brise une ampoule contenant de l'acide cyanhydrique. Si on abandonne ce dispositif à lui-même durant une heure, on pourra prédire que le chat est vivant à condition que, pendant ce temps, aucune désintégration ne se soit produite. La première désintégration l'aurait empoisonné. La fonction ψ de l'ensemble exprimerait cela de la façon suivante : en elle, le chat vivant et le chat mort sont ici (si j'ose dire) mélangés ou brouillés en proportion égale. » On peut imaginer – plus exactement, on ne peut pas imaginer – le nombre infini d'évènements donnant lieu à bifurcations, depuis que l'univers existe. Bachelard disait – mais est-ce à tort ? – « l'univers est l'infini de mon inattention », « une antithèse de l'idée d'objet », *in* Bachelard, *L'engagement rationaliste*, Paris, PUF, 1972, p. 104.

[52] Et de « tendance réaliste », précise Popper, *op. cit.*, p. 93, qui rejette cependant la solution d'Everett et avance son interprétation propensionniste.

point précis de la thèse créationniste : toutes deux ne peuvent pas faire l'objet d'observation directe qui permette de les rejeter ou de les justifier. Karl Popper regardait l'essai d'Everett d'un œil favorable et plutôt sympathisant. Il ne lui reproche pas le caractère inobservable des représentations auxquelles il débouche, et par conséquent son caractère mythique ou métaphysique, car Popper admet que de telles théories (métaphysiques) peuvent donner lieu à des « programmes de recherche » ; il lui reproche une erreur de méthode que Popper propose de corriger avec sa propre théorie d'un univers « en propension »[53].

La thèse d'Everett a été récemment reprise et défendue par Max Tegmark, éminent physicien au prestigieux Massachusetts Institute of Technologie (MIT) qui considère qu'elle doit être considérée comme justifiée non seulement dans sa méthode mais aussi dans ses résultats[54]. « L'éminent philosophe austro-hongrois Karl Popper, écrit Tegmark, a vulgarisé l'adage désormais célèbre "ce qui n'est pas réfutable n'est pas scientifique" ». Il ajoute : « La physique consiste justement à tester des théories mathématiques par l'observation : si une théorie ne peut être testée même par principe, alors il est logiquement impossible de la réfuter, ce qui signifie, par la définition de Popper, qu'elle n'est pas scientifique. » Ce que Tegmark accorde, en précisant toutefois : « Il s'ensuit donc que la seule chose pouvant potentiellement être scientifique est une *théorie.* » De cette dernière remarque, Tegmark considère que la validité d'une partie des prévisions d'une théorie, emporte la validation de l'ensemble de la théorie ainsi que de ses autres prévisions. Notons que Tegmark ne retient que l'argument,

---

53 *Ibid.*, p. 91-93.

54 Max Tegmark, *Notre univers mathématique. Enquête sur la nature ultime du réel*, Dunod, Paris, 2014, p. 201 et s.

plutôt « faible », que Popper, comme nous l'avons évoqué, concède d'ailleurs, mais ne discute pas le jugement porté par Popper sur l'erreur qu'il attribue à Everett. Tegmark considère ainsi, à titre d'illustration, que la relativité d'Einstein a établi avec succès le mouvement de Mercure autour du Soleil, la courbure de la lumière par la gravitation et le ralentissement gravitationnel des horloges, donnant par là même crédit à ses autres propositions sur l'espace intérieur des trous noirs, par exemple, qui n'est par définition pas observable ou testable. « De façon analogue, ajoute Tegmark, les prédictions avérées de l'inflation [...] font d'elle une théorie scientifique et il est donc raisonnable de prendre également au sérieux ses autres prédictions – aussi bien celles vérifiables notamment concernant le fond diffus cosmologique que celles apparemment invérifiables telles que l'existence des univers parallèles. » Tegmark semble tirer de cet exemple une sorte d'« expérience cruciale » en précisant : « Un autre point crucial concernant les théories physiques est que si vous en approuvez une partiellement, vous êtes obligé de l'adopter dans son ensemble. Vous ne pouvez pas dire : “Eh bien, j'aime comment la relativité générale explique l'orbite de Mercure, mais pas les trous noirs, donc je désapprouve cette seconde particularité”... De la même manière, les univers parallèles ne sont pas en option dans l'inflation éternelle. Ils font partie du tout »[55]. Par conséquent, c'est le tout qui est à prendre ou à laisser. Or, il nous semble que, dans cette argumentation, il y a quelque chose de l'ordre du paralogisme totalisant, et que, par ailleurs, l'exemple de la relativité générale, avancé par Tegmark, ne servirait pas sa démonstration, mais bien plutôt la réfuterait. Pour le montrer, revenons un pas en arrière.

---

[55] *Ibid.*, p. 203-204.

L'autorité du précédent et ses limites

Rappelons que la mécanique de Newton présente, tout au long du XIXe siècle, le modèle de la science parvenue à maturité, établissant ses fondements rationnels, de manière *exacte* et *définitive*, comme la théorie physique du XIXe l'a affirmé, l'élevant par là au statut de mécanique rationnelle pouvant établir ses prédictions comme des applications de principes établis, ou comme des corrélats. Elle sera confortée dans ce statut par la confirmation retentissante de certaines de ses prédictions. C'est ainsi que le 31 août 1846, Urbain Le Verrier prédit, en fonction des calculs de la physique de Newton, l'existence d'une nouvelle planète, Neptune, en partant de l'observation des anomalies de mouvement d'Uranus. Ces calculs seront expérimentalement corroborés par l'observation de cette planète par l'astronaute allemand Galle, le 25 septembre 1846, observation qui renforce l'autorité de la théorie classique. Toutefois, une prédiction comparable du même Le Verrier, se rapportant au mouvement de l'orbite de Mercure, va conduire à la théorie de la relativité générale, comme le relève, nous l'avons vu, justement Tegmark, mais elle ruine en même temps son argument : on n'a certainement pas à rejeter en bloc une théorie ou à l'accepter sur option. Car il sera plus juste de dire qu'une théorie, partant d'un nouveau problème (un étonnement, dans la perspective du modèle aristotélicien), et de nouvelles observations, corrige une autre, quitte à remettre en question ses fondements.

Les mathématiques jouent, certes, un rôle fondamental dans le calcul des prévisions de la physique et en un sens aussi, toute la géométrie d'Euclide qui est contenue dans ses axiomes et ses postulats. Mais l'on ne peut pas pour autant dériver un succédant d'un antécédent, en physique, qu'à titre de prévision, comme probabilité sujette à confirmation ou infirmation, par l'observation. Aucune idée d'existence ou de réalité physique ne peut, à proprement parler, être admise en postulat, sans verser dans un argument de type ontologique[56]. Résorber la physique dans une mathématique, à la manière des premiers pythagoriciens, en en faisant la substance, c'est faire l'économie, de manière injustifiée, non seulement de la preuve, mais aussi de la démarche scientifique[57]. Tout résultat physique demeure réfutable quoiqu'il puisse être corroboré par ses applications. De Planck à Einstein et à Heisenberg et Bohr, c'est l'idée de la constante universelle de Planck qui est corroborée et son autorité renforcée, mais l'inverse n'est pas vrai. C'est ce qui explique aussi qu'une théorie scientifique puisse produire un résultat qui relève du mythe ou de la métaphysique[58], comme la psychanalyse, selon Popper, ou encore la théorie darwinienne de l'évolution, mais qui peut constituer, comme programme de recherche, le point de départ d'un nouveau cycle de l'activité scientifique et technologique, jamais séparables.

§

Au bilan, la démarche comparative nous permet d'établir des constantes quant à la marche de la science en œuvre. C'est l'étonnement que nous trouvons au départ, avec un ébranlement profond qui suit. Quant au contenu de la rupture, il diffère d'une crise à l'autre, avant de déboucher sur une nouvelle théorie qui se

---

56 Chez saint Anselme et Descartes, de l'idée de perfection découle l'existence, argument rejeté, comme on sait, par Kant.

57 Une autre variante de l'argument de postulat d'existence consiste à dire : puisqu'une donnée physique qui sera trouvée dans un avenir, proche ou lointain, aura sa formule mathématique, alors autant en prendre acte dès à présent. Argument évidemment à rejeter comme preuve d'existence.

58 Voir, entre autres développements récurrents sur la question, Karl Popper, *Le réalisme et la science*, Paris, Hermann, 1990, p. 191.

présente à titre de résolution. L'idée d'une théorie « finale » ou « complète » se répète d'ailleurs avec la même fréquence que les ruptures observées. Faut-il dès lors parler d'une clôture de cycle ? Et de quelle « nature », définitive ou provisoire, serait-elle ?

Nul, probablement mieux que Gaston Bachelard n'a été attentif aux difficultés et égarements de la science en œuvre. C'est la raison pour laquelle la *Formation de l'esprit scientifique* est aussi, et tout à la fois, une *Psychanalyse de la connaissance objective*, celle du sujet, chercheur ou savant, en marche vers la connaissance. Cette marche est menacée, à chaque instant, d'où la nécessité de contrôles et de confirmations[59]. Et c'est comme pour s'épargner le travail d'une telle psychanalyse que Popper porte d'emblée son regard sur une connaissance objective, une connaissance sans sujet, qui avance par conjectures et par réfutations. Mais le résultat, croyons-nous, est le même : une pédagogie de l'attention de l'esprit scientifique.

De ce point de vue, l'anticipation d'un cycle épistémique, dont l'idée est déjà en œuvre, on l'a vu, chez Aristote, conduit à renouveler notre interrogation sur les crises et les révolutions scientifiques, sur les ruptures et les catastrophes, ce dernier terme étant pris au sens, répétons-le, d'évènements imprévus et qui perturbent. Mais n'est-ce pas le propre d'une démarche qui s'oriente vers la connaissance de l'inconnu ? Et il faut bien le dire, l'idée même de la répétition de ces révolutions et ruptures induit une progression en cycle. Le nouveau ne relègue pas l'ancien dans un univers inaccessible et sans communication. Sur ce point Bohr, avec la théorie de la complémentarité, que nous avons évoquée, était mieux inspiré que Thomas Kuhn prônant l'incommensurabilité et l'incommunicabilité entre les différents

[59] L'ensemble de l'ouvrage édité par R. Damien et B. Huffschmitt en porte témoignage : *Bachelard, Confiance raisonnée et défiance raisonnable*, cité.

paradigmes ou univers de *science(s) normale(s)*. Le pluriel ici a d'ailleurs valeur de réfutation. Autrement qu'en savons-nous ? Tout en maintenant le principe d'exclusion, Bohr établit que la théorie nouvelle ne peut s'exprimer que dans le « langage » de la théorie classique, les « concrets » mathématiques de l'objet quantique de Heisenberg ne pouvant ainsi se passer, dénote la remarque de Bohr, de l'intuition classique. Allons plus loin et prenons le risque de nous interroger : la complétude, entendue comme clôture, ou comme fin de récit et d'histoire, porte-t-elle un avantage pour la théorie scientifique ? Popper, qui utilise volontiers la métaphore de la pêche, affirme que nos idées et nos théories ne sont que des filets pour capter le monde. Il est vrai cependant qu'il demeure difficile d'échapper à la fois au dogmatisme totalisant et au scepticisme ruineux, de trouver une voie de critique raisonnée impliquée dans la signification de cycle épistémique.

Parler du virtuel aux temps du numérique

Éric Guichard

Précautions et résumé

Nous allons découvrir plusieurs définitions de l'adjectif « virtuel », parfois substantivé, dont certaines apparaîtront analogues ou synonymes quand nous aurons précisé leur usage, dans une démarche quasi archéologique. Par exemple, les définitions du virtuel en mathématique et en philosophie sont très proches. En d'autres cas, elles restent liées, mais il nous faut faire un effort supplémentaire : en substituant systématiquement un mot à l'autre, en l'occurrence réel à actuel, quand un physicien comme Haroche oppose le virtuel au réel.

Cette situation délicate, où nous parlons de la même chose avec des lexiques qui se contredisent, ou inversement, où nous abusons d'un mot suffisamment polysémique pour entretenir des discours imprécis, nous oblige à nous pencher sur les usages de la langue. Ce qui invite à quelques incursions dans le domaine de la politique et de l'idéologie. Par exemple, quand un auteur comme Marion affirme que, dans le domaine de l'Internet, la multiplication des images conduit à une virtualisation du réel : où le virtuel s'approprie la totalité du réel. L'idée est séduisante, mais que signifie-t-elle ? Cette esquisse doit éviter une ultime embûche : nos propres goûts de philosophes pour l'illusion. Par exemple, quand nous ne précisons pas assez les plans conceptuels que nous manipulons. Aussi espérons-nous que cet essai laissera transparaître en filigrane le paradoxe soulevé par Russel, quand nous associons un concept d'un plan donné à un autre, situé sur un plan différent : la facilité à prouver qu'une chose est aussi son contraire.

Or, notre goût (certainement universel) pour la circulation entre actuel, virtuel et réel, entre expérience et logique, entre technique et politique risque fort de nous faire sombrer dans un univers métaphysique où nous pouvons construire un système qui fait fi d'un autre, qui le contredit. Aussi, essayerons-nous d'être précis, et d'insister sur les dynamiques, non pas au sens aristotélicien mais concrètement physicien, qui se « réalisent » entre actuel et virtuel, qui donnent sens à ces deux pôles du réel.

Le virtuel et l'Internet

À son enfance, l'Internet fut souvent présenté comme un univers virtuel. De nombreux analystes prétendaient qu'il n'avait pas de rapport avec le réel, que nous basculions dans un autre monde, intangible et délivré de valeurs, de contraintes, de spatialité : de l'autre côté du miroir. Il a fallu attendre des procès sur les noms de domaine, un déploiement de la communication institutionnelle vers le Web, la judiciarisation de l'injure et de la diffamation en ligne, jusqu'à l'adaptation récente des lois européennes sur le « droit d'auteur dans le marché unique numérique » (2018) et la prise de conscience de la lourde matérialité de l'Internet (les moteurs de recherche et leurs centaines de milliers de machines) pour que ce dernier ne relève plus d'un monde enchanté, immatériel, hors du monde social pétri de normes, de règles et lois, de technicité.

Cette acception du virtuel renvoie plus à l'immatériel qu'au conceptuel. Les ondes wifi sont dites virtuelles car nous ne les voyons pas, le Web serait déterritorialisé parce que les camions et les pierres n'y ont pas leur place. Les tractopelles qui creusent des tranchées en nos routes pour y déposer de la fibre optique seraient donc des chimères ? L'usage de l'adjectif « virtuel » pour désigner ce qui a rapport à l'Internet semble donc naïf, sans intention philosophique. Mais le rapport entre l'immatériel et la liberté est problématique : le passage entre un monde virtuel (le Web) à une déresponsabilisation du sujet (tout y est possible sans risque car la justice y serait sans effet) est logiquement incompréhensible. Il a pourtant été systématiquement évoqué par les médias.

Ce désir d'extrapolation, fût-il erroné, a un avantage. Il signale notre incapacité collective à penser la technique et ses relations avec le « social » : il nous faut bien vingt ans pour cesser de dire des bêtises au sujet d'une technique émergente. L'Internet, comme toute technique, n'interroge pas notre avenir, mais nos représentations présentes. Il nous rappelle ce que nous avons tant de difficultés à admettre : technique et société ne s'opposent pas, mais forment une tresse dense, qui ne se délie pas, et il en est de même pour la technique et la culture.

Une définition universelle ?

Pour préciser l'emploi du mot « virtuel » et ses usages, nous pouvons déjà nous appuyer sur l'article le plus accessible aux francophones quand nous sollicitons un moteur de recherche : https://fr.wikipedia.org/wiki/Virtuel.

- Potentiel, en relation avec la dynamique, la puissance. Qui n'est pas (encore) tangible, qui s'oppose à l'actuel. La référence explicite est ici Aristote ; cette définition n'est pas neutre, elle est largement extraite d'un article de Vitali-Rosati (http://www.sens-public.org/article669.html).

- Ce qui, sans être réel, dispose des qualités du réel (comme notre image dans un miroir). Ici, l'auteur publicisé est Berthier, qui insiste sur la médiation technique à l'origine de cette virtualité.

Sont ensuite précisées diverses expressions désormais courantes : *image virtuelle*, *réalité virtuelle*, *mémoire virtuelle*, *communauté virtuelle*, etc.

Offrons-nous un arrêt sur image, stimulé par un doute : nous étudions un concept mille fois travaillé en philosophie, dont nous pouvons penser qu'il est stabilisé. La définition du virtuel devrait donc être universelle. Pourtant, celle que nous rencontrons dans Wikipedia ne correspondra pas à la nôtre, et aucun des auteurs que nous évoquerons (Descartes, Galilée, Leibniz, Granger, etc.) n'est cité dans cette page Wikipedia. Plus, les pages anglaises https://en.wikipedia.org/wiki/Virtual et https://en.wiktionary.org/wiki/virtual n'évoquent pas les définitions précitées, et se contentent de lister les expressions dans lesquelles l'adjectif apparaît. L'Encyclopédie de philosophie de Stanford offre à l'inverse 133 articles détaillés pour le mot « virtual » (https://plato.stanford.edu/search/searcher.py ?query=virtual) sans évoquer les deux auteurs précités de Wikipedia, ni même Aristote (ni en entrée principale ni en résumé).

La philosophie dans les rets du pouvoir ?

La connaissance serait-elle donc régionale et non universelle ? Les personnes de référence dans une langue ou un pays disparaîtraient-elles dans un autre ? Nous en doutons, quand nous voyons que cette même encyclopédie de Stanford consacre 18 articles à Granger. Nous sommes donc d'emblée invités à réaliser une sociologie minimale des sciences et des savoirs. À la question de la définition du virtuel se juxtapose celle de la compétition pour la notoriété médiatique sur le Web : preuve que ce dernier n'a rien de virtuel au sens banal du terme. Aux personnes qui font référence s'opposent celles qui veulent faire référence. Cette opération d'affichage et d'occultation médiatique témoigne bien de la réalité des enjeux de pouvoir sur le Web, et donc de son existence en tant que territoire.

Une rapide archéologie de cette page française de Wikipedia donne accès à un texte de Lévy « Sur les chemins du virtuel ? », qui reprend son ouvrage *Qu'est-ce que le virtuel ?* (1998). Ce document [Lévy, 2000] offre une bonne grille de lecture pour comprendre ce qui se joue avec le virtuel et le numérique.

De façon analogue, l'article « La virtualité d'Internet » précité de Vitali Rosati, publié en 2009, précise bien les abus de langage quand le mot « virtuel » est associé au numérique et cerne de façon utile de nombreuses définitions de « virtuel » et leurs évolutions. Il reste néanmoins très aristotélicien, et ne tient nul compte des avancées de la science.

Aussi notre propos n'est pas de critiquer ces deux articles, qui sont utiles à qui veut se faire une première idée des sens et des usages du mot « virtuel » en ce début de siècle. Nous constatons que la définition d'un concept philosophique relève désormais d'enjeux de pouvoir. Et les sites encyclopédiques populaires, parfois excellents (notamment en physique et en mathématique) sont aussi profondément lacunaires. Pour donner un autre exemple, « virtualisation » ne renvoie qu'à une définition étroite, tirée de l'informatique (https://fr.wikipedia.org/wiki/Virtualisation).

Le temps où l'apprenant pourra apprendre par lui-même, grâce à la magie du Web et du numérique, n'est pas encore venu, quoi qu'en disent les défenseurs des « nouvelles technologies » et les promoteurs du virtuel sur Internet.

Approche philosophique et mathématique

Définition de Granger

Nous partirons de l'approche de Granger, même si nombre de personnes en adressent la paternité à Deleuze. Granger a le mérite de se confronter d'emblée à la mathématique. Pour lui, comme d'autres, le virtuel ne s'oppose pas au réel, mais en constitue un pôle, l'autre étant l'actuel. Virtuel et actuel font donc partie intégrante du réel.

$$\text{réel} = \begin{cases} \mathit{virtuel} \\ \vdots \\ \mathit{actuel} \end{cases}$$

L'actuel renvoie au tangible, au matériel dans sa forme la plus antique. Le virtuel au conceptuel, aux mathématiques, ou à toute opération intellectuelle. Granger explique, par exemple, que tout objet a une dimension virtuelle : à la chaise en face de soi, typiquement actuelle, est associé le concept de chaise, qui est virtuel. Réciproquement, le virtuel peut s'actualiser fréquemment, comme le théorème de Pythagore par une équerre en bois de côtés 3, 4 et 5.

Granger propose un exemple convaincant car quotidien : le calcul. Quiconque a jamais touché ou rencontré un nombre ? Et qui pourrait soutenir son irréalité ? Pour lui, « les différents moments d'un calcul, [comme] son résultat, ne concernent pas *directement* la réalité actuelle, atteinte à travers des perceptions effectives. [...] ils traitent de ce que j'appelle l'aspect *virtuel* de la réalité » [Granger, 2001, les italiques sont de l'auteur]. Il précise, d'une façon qui nous aidera à mieux comprendre la position des physiciens : « une description et une explication scientifiques établissent un système de virtualités, représentations symboliques conformes à certaines règles d'une *totalité* de faits actualisés ou non. Il faut alors donner les lois qui déterminent parmi ces virtualités celles qui correspondront à des événements *actuels*, expérimentables ». Outre le processus d'actualisation, Granger insiste sur un point que reprendra Baechler (cité plus loin) : le virtuel sollicite la notion de cohérence, de logique. Granger conclut ainsi : « Calculer s'effectue donc seulement dans le royaume des virtualités, mais quand la représentation symbolique des actualités est suffisamment adéquate, le calcul donnera des résultats qui peuvent être comparés aux faits empiriques. Le virtuel apparaît alors comme *cet aspect du réel* dont traite le calcul ».

Cette dernière phrase mériterait d'être inscrite sur Wikipedia.

Châtelet

Châtelet poursuit cette perspective quand il affirme que « les mathématiques [sont une] technique de surgissement de la virtualité » [Châtelet, 2010]. Il part de l'opposition d'Aristote entre physique (lieu des choses qui ont une existence, et qui de ce fait ne sont pas éternelles) et mathématique (« êtres qui sont dans l'éternité et qui n'ont pas d'existence par eux-mêmes ») et affirme que l'ancien philosophe n'avait pas d'autre solution que de faire appel à la théologie pour réconcilier ces deux opposés. Châtelet semble aussi plus mathématicien au sens où il se méfie des définitions intuitives et supposées fondamentales des Grecs. Il sait que la physique d'Aristote sera bousculée, tout comme le sera la notion de matière [Bachelard, 1983]. Pour lui, la virtualisation concerne autant la conceptualisation (les lois physiques, etc.) que la définition des objets les plus banals. Elle s'exerce sur deux champs à la fois, et non seulement sur celui de la pensée.

Pour le dire autrement, les définitions de l'actuel et du virtuel qui sollicitent l'histoire de la philosophie sont assez floues. L'actuel fonctionne bien pour les tables et les chaises, mais mal pour les choses dont nous connaissons l'existence, que nous pouvons isoler, mais que nous voyons rarement, comme les microbes ou les atomes. Ainsi, la notion de virtualisation est-elle plus importante que celle de virtuel. L'idée de Châtelet est que l'articulation entre les choses tangibles (la physique d'Aristote) et les choses pensées (sa mathématique) se construit graduellement, en affinant à chaque étape la définition des unes et des autres, et que c'est de cette manière que le réel (virtuel + actuel) se clarifie.

Châtelet explique ainsi la démarche de Galilée : « si on voulait sauvegarder de l'intelligibilité en disloquant la métaphysique d'Aristote, il fallait qu'existe une espèce de rapport entre la genèse des concepts mathématiques et la genèse des concepts physiques » (p. 134). Et ainsi de suite : le pont entre actuel et virtuel se construit de façon itérative, en rapprochant à chaque fois chacune de ses deux piles.

L'espace est trop actuel chez Aristote. Galilée le virtualise. Leibniz prolonge sa démarche, en se libérant de l'actualité implicite des points de l'espace, en rendant les points virtuels : comme une « puissance à recevoir des intersections » : entendons par là une virtualité qui attend qu'on invente des virtualités d'ordre supérieur pour n'en être qu'un élément banal, une intersection. Nous retrouvons ici le processus classique et néanmoins fécond de la virtualisation en mathématique. Pour Châtelet, le problème réside dans l'actualisation, que nous n'arrivons jamais pleinement à produire, ou qui induit un cheminement trop réducteur : « la désignation assassine toute virtualité » (p. 135).

Pour résoudre ce problème, Châtelet propose de multiplier les virtualisations : les mises en perspective de l'actuel. Ainsi, un objet, une chose voit se multiplier ses actualisations grâce aux virtualisations qui opèrent autant de regards sur ce que nous croyons être son actualité. Un point ne sera pas donné, il sera intersection de droites, quotient de polynômes, résidu d'une fonction holomorphe (Cauchy). Châtelet nous montre donc que les objets de la physique obtiennent une actualité grâce à la double démarche mathématique, qui consiste à virtualiser (conceptualiser de façon étagée) et aussi à « gratter » le sens commun : faire bouger ce qui semble actuel, le dynamiser théoriquement, en déduire une nouvelle définition de l'actuel et du virtuel. « Pour Leibniz [...] un triangle n'existe qu'en tant qu'il y a des triangles virtuels autour de lui [...] Il n'existe pas en tant que figure rigide » (p. 140). Nous devons le concevoir comme virtuel et aussi comme mobile, sinon le voir comme une actualisation singulière, qui doit être plongée parmi d'autres du même type. C'est par ce biais que Leibniz pourra inventer le calcul différentiel.

De façon analogue, le point « 1 » n'est plus le point le plus évident à poser sur une droite, mais la singularité de la fonction $\frac{1}{1-x}$. Car c'est bien au point $x = 1$ que la fonction nous gêne (elle n'est plus définie). De ce fait, ce point change de définition : de statique, il devient une singularité à l'intérieur d'un objet plus large (la fonction précitée), lui-même pris dans l'ensemble des fonctions de ce type. Le réel s'étage et s'enracine, pourrions-nous dire. Ainsi, les mathématiques contribuent-elles à préciser ce qu'est l'actuel, et ne sont pas que virtuelles. Elles s'intéressent aussi à ce qui « nous démange ». Leur extension à la physique mathématique a déjà un mérite : celui de nous rappeler que la mathématique pure, éthérée, n'a pas de sens, sauf à retomber dans le préjugé aristotélicien que Châtelet veut dépasser. La physique mathématique apparaît comme une construction confiante d'élucidation du réel, où chaque concept se superpose au précédent, entre ces deux « donnés » un peu simplistes et lointains que sont le matériel et le spirituel.

Un exemple est donné par Dhombres au sujet de Joseph Fourier, qui veut comprendre l'équation de la chaleur. Fourier multiplie les expériences, les calculs ; il rencontre des équations différentielles, ce qui est prévisible ; il est conduit à définir précisément la notion de fonction (qui nous apparaît actuelle, tellement nous en faisons désormais usage), ce qui, rétrospectivement, nous apparaît indispensable. Il découvre aussi que des fonctions élaborées, comme les sinus et les cosinus, sont en fait perpendiculaires entre elles, comme de simples vecteurs dans un espace : comme le fil à plomb au-dessus d'un lac. Ici, l'angle droit, facile à construire par Aristote avec une règle et un compas, est radicalement redéfini. Et ce plongement conceptuel, cette géométrisation généralisée auront des effets lourds de sens : les inégalités d'Heisenberg, qui semblent des donnés du réel, de l'actuel constituent en fait « le prix à payer pour changer la représentation classique de la vitesse et de la position en distributions ou en éléments de $L^2(R)$ qui ont *ipso facto* un caractère géométrique » [Dhombres, 2012]. Qu'est donc l'actuel, sinon un inatteignable que nous pouvons approcher par itérations successives, par superposition de regards démultipliés ?

Châtelet se montre explicite quant aux rapports entre « mondes » mathématiques et mondes physiques : « Il ne faut pas croire qu'en mathématique "on trouve des choses", qu'on "établit des vérités", ce n'est pas vrai. On fait surgir des virtualités. Et c'est pourquoi la physique mathématique est possible ».

« Les objets physiques [...] sont construits, ils sont provoqués ». Voilà qui remet en question nos préjugés sur un état du monde donné, sur l'actuel comme point de départ pour appréhender ce monde. Oui, le monde s'écrit : par le biais de nos lois, de nos croyances, mais aussi par l'effet des mathématiques et de la physique. La virtualisation est la principale opération qui permette son arraisonnement, et pose d'intéressantes questions sur ce que sont la technique et l'écriture. Châtelet rend alors hommage aux scientifiques et philosophes qui ont su s'approprier cette double dynamique d'approfondissement du virtuel et de définition accrue de l'actuel par « grattage » théorique de ce supposé actuel : Descartes, Leibniz, Abel, Hegel, Einstein et Poincaré, au détriment de Newton, qui impose l'idée théologique d'une force immanente : « une sorte de volontarisme d'implantation dans la matière », dit Châtelet.

Le virtuel en physique

En 2011, Haroche, physicien et délégué de l'Académie des sciences, propose une explication du virtuel en physique [Haroche, 2011]. Dans ce discours, le registre sémantique du substantif virtuel se déplace d'une façon désarçonnante : pour Haroche, le virtuel s'oppose au réel. Pour comprendre ses propos, pensons donc à substituer actuel à réel, et n'interrogeons pas trop la notion d'existence. Haroche semble aussi aristotélicien : « Est virtuel ce qui n'existe encore qu'en puissance ». Traduisons : « ce qui peut (et va certainement, un jour futur) accéder au statut d'actuel ».

Ces précautions énoncées, la démarche de Haroche semble proche de celles de Granger et Châtelet. Virtuel correspond pour lui à une hypothèse, à une expérience de pensée logique : « l'atome était-il réel ou simplement un concept virtuel commode auquel on pouvait trouver une alternative ? ». Il poursuit : « Aujourd'hui, physiciens [...] observent et manipulent des atomes [...] isolés et ce débat est clos ». Nous retrouvons le processus de conceptualisation-virtualisation précédemment évoqué quand Haroche énonce que le positron (anti-électron), tout d'abord virtuel (issu des équations de la théorie quantique), est désormais observé, alors que ce fut le cas contraire pour l'éther, disparu des hypothèses.

Ainsi, dans l'esprit d'Haroche, virtuel signifie hypothétique ou sans signification précise mais commode pour résoudre des équations ; et réel (actuel en notre sens) signifie vérifié par l'expérience, isolable. Ainsi en est-il du boson de Higgs, du méson ou de Neptune, passé du « virtuel au réel en quelques mois ».

La pensée de Haroche semble plus statique que celle de Châtelet. Néanmoins, il montre à quel point les objets qui nous entourent sont conceptuellement fabriqués : fruits d'une virtualisation. Par exemple, au sujet des rayons lumineux, Haroche suppose implicitement qu'ils savent calculer mieux que nous, et que nous serions un peu en retard mathématiquement par rapport à la nature : « Si la lumière choisit le chemin de temps le plus court, c'est que d'une certaine façon, elle est capable de le comparer aux autres chemins possibles qu'elle ne suit en quelque sorte que de façon virtuelle ». Qu'est donc ici la nature sinon une série de projections, de virtualisations qui lui donnent cohérence (nous savons désormais expliquer et prévoir le cheminement d'un rayon lumineux) qui la transforment en « donné » parfaitement actuel ? Certes, Haroche ne détaille pas ce point. Il exprime cependant une démarche inaudible dans les médias : la confiance cartésienne en son propre raisonnement, face à un donné trop affirmé pour être crédible. Elle pourrait s'exprimer ainsi : si, dans l'opération de virtualisation, je rencontre un obstacle, je tente de le résoudre dans ce cadre virtuel, et je garde confiance en les opérations qui m'offrent une solution, tant qu'elles restent logiques.

C'est ainsi que le virtuel s'actualise le plus souvent. Par exemple, une particule virtuelle est une particule qu'on ne peut pas isoler : « En physique, une particule virtuelle est une fluctuation quantique transitoire, dont les caractéristiques sont proches de celles d'une particule ordinaire, mais qui existe pendant un temps limité du fait du principe d'incertitude », énoncé depuis Heisenberg : $\Delta E * \Delta t \geq \hbar/2$ (https://wikimonde.com/article/Particule_virtuelle, cf. aussi la définition précédente de Dhombres). En ce sens, même si elle a une durée de vie non nulle, elle n'est pas tangible ni actuelle. Et c'est par une opération de pensée que nous pouvons en tenir compte, effectuer des opérations mathématiques sur elle. Il en est de même pour les charges électriques virtuelles, qui ne sont pas plus tangibles mais avec lesquelles nous pouvons faire des calculs pertinents pour comprendre les charges actuelles (communication orale de Pierre Borgnat, mars 2019).

Ainsi donc, pour les physiciens, la virtualisation consiste en une mise en calculs afin de mieux traiter, analyser l'actuel. Ce que disait clairement Granger. Elle correspond à un double détour : passer de l'autre côté du miroir pour le retraverser et revenir dans l'univers du tangible, quitte à le redéfinir. Cette opération n'est pas neuve. Les mathématiciens avaient déjà opéré de tels détours avec les nombres « imaginaires », que Descartes aurait très bien pu appeler « virtuels » : des nombres dont il savait qu'ils n'« existaient » pas, mais fort utiles pour trouver des solutions à une équation polynômiale (ou en prouver l'existence). Nous le savons, de tels nombres « existeront » aux alentours de 1800. Les mathématiciens iront même jusqu'à donner des fondements et des limites à cette opération de minorisation, en définissant la notion de dual. Quand les « choses se passent bien », on retombe sur ses pieds : le dual du dual n'est autre que l'espace de départ. Parmi les conséquences imprévisibles, l'intuition de De Broglie, démontrée par Von Neumann : les représentations corpusculaires (quasi actuelles) et ondulatoires (presque virtuelles) de la lumière sont les deux facettes duales d'un même phénomène. Le processus de virtualisation est fécond, et tous ceux qui l'appliquent comprennent, au moins implicitement, qu'il travaille autant l'actuel que le virtuel, qu'il n'est pas qu'une conceptualisation du premier.

Haroche est-il partisan d'une actualité tangible, mesurable, réelle au sens commun du terme ? Non, car il propose une définition anthropomorphe du réel, qui bouscule jusqu'à nos définitions précédentes : le réel est construit, et dans cette construction qui s'appuie autant sur ce que nous ressentons de lui que sur ce que nous imaginons rationnellement de ce qu'il pourrait être, nous percevons et sa clôture et sa multiplicité : « je conclurai en disant que les univers parallèles peuvent être envisagés pour des raisons autres que la recherche d'une interprétation de la mesure quantique [...] Des variantes de la théorie du bigbang suggèrent, par exemple, que des univers disjoints coexisteraient dans des bulles d'espace-temps séparées ne pouvant communiquer entre elles [...] Rien ne permettra sans doute jamais de tester la réalité de cette virtualité-là ». L'actuel est enfin défini. Il n'est pas unique. Mais nous n'avons pas accès aux autres, la virtualisation nous le prouve. Voilà qui invite à la réflexion.

Actualisations et usages de la langue

Actualisation du virtuel

Après avoir insisté sur l'opération de virtualisation, plus féconde que la simple définition d'un virtuel statique, nous allons détailler le processus d'actualisation. L'actualisation est souvent évoquée pour expliquer la mise en acte d'une maison par un architecte, la graine devenant arbre, etc. Baechler, président de l'Académie des sciences morales et politiques, fait l'effort d'en distinguer les étapes [Baechler, 2011].

1. Il commence par remarquer que le virtuel se doit d'être logiquement possible, au sens où il ne peut être impossible : contradictoire. Cette première étape est en fait un point de départ, qui a le mérite d'exclure d'emblée certaines catégories du virtuel : le fait d'être virtuellement à la fois blanc et noir, soi et son image, ou encore sans ombre. L'académicien se réfère d'emblée à Hilbert pour expliciter cette condition du « non-contradictoire » : ne peuvent entrer dans le registre du virtuel que les opérations de pensée qui ne mènent pas au résultat $0 = 1$. Nous avons vu que cette contrainte logique est systématiquement rappelée par les auteurs précités.

2. Encore faut-il que ce possible puisse devenir « effectuable » : réalisable au sens banal du terme. Ici intervient la notion de réel, qui surplombe évidemment les notions de virtuel et d'actuel, et qui porte une ambiguïté : quels pourcentages d'actuel et de virtuel composent cette effectuation ? Ce qui est effectuable aujourd'hui ne l'était peut-être pas hier. Par exemple, une fusée ne l'était pas avant la conjonction des progrès de la métallurgie et les conceptualisations de Galilée. Nous découvrons donc une forme itérative, une circulation entre le virtuel et l'actuel. Cette circulation est dynamique, nous dit Châtelet.

3. Le virtuel doit alors s'approcher de sa concrétisation, de son statut tangible en devenant « potentiel, au sens où il bénéficie de la réunion actuelle de toutes les conditions de son effectuation dans la réalité ». Il gagne alors l'existence. Ce mot,

qui signale une mise en acte, pose d'autres questions que nous n'aurons pas le temps d'aborder.

Nous l'avons vu avec le point 2, et Baechler le confirme, ces trois étapes « ne sont séparées par aucun seuil tranché » et nous savons désormais que ce sont plus des allers et retours entre ces étapes qu'un chemin direct qui permettent l'actualisation du virtuel. Et, rappelons-le, la première n'est qu'un choix de définition, qui permet d'exclure du champ du virtuel les songes les plus fous et les illuminations mystiques.

En oubliant tous ces allers et retours, le cheminement du virtuel à l'actuel serait donc selon Baechler le suivant : non-contradictoire → effectuable → potentiel → actuel.

Notons que certaines des étapes sont parfois ignorées par les auteurs, qui réduisent le virtuel au potentiel, le potentiel à l'effectuable, ou négligent la contrainte non contradictoire du virtuel. Pour ne donner qu'un exemple, citons Baudrillard, dont une interview par le journal *Télérama* est reprise à l'URL http://jp.blache1.free.fr/Ouvertures philo/La r%E9alit%E9%20 dispara% EEt-elle.htm (2006). L'essayiste évoque « Le meurtre de la réalité », et promeut en fait une mystique incompréhensible, voire totalitaire. Pourtant, il fut encensé et l'est encore : cf. la page https://sms.hypotheses.org/3673. Morin évoque Baudrillard en des termes peu clairs : « envoûté par le problème de la faible réalité de la réalité, à notre époque de plus en plus dominée par la technique, le médiatique, les développements du virtuel et du numérique ».

Reconnaissons à Baechler de nous aider à repérer de tels usurpateurs intellectuels grâce à son schéma.

Vers l'informatique

Les notions de mémoire virtuelle ou de machine virtuelle rentrent dans ce registre d'actualisation du virtuel. L'idée de *machine virtuelle* est logiquement cohérente, Turing l'a démontré en 1936. Il a aussi montré que cette notion de machine était universelle. Elle est effectuable, par exemple, en utilisant un ruban et un marqueur. Elle est potentielle quand Von Neuman précise ce que devrait être le schéma d'un ordinateur. Elle s'actualise de diverses manières : en produisant des ordinateurs, de types fort variés puisqu'un ordinateur de 1950 ne se compare ni à un autre de 1975, ni à la variété des machines actuelles (des plus grosses aux plus portables).

Aujourd'hui, un ordinateur est plutôt une somme de machines, avec plusieurs disques durs, plusieurs « cœurs » (processeurs), etc., et l'on sait développer des logiciels qui permettent de ne plus chercher à savoir sur quel disque sera déposée une information donnée, ou de simuler un ordinateur à l'intérieur d'un autre. Un tel ordinateur, qui sollicite divers fragments d'autres pour fonctionner de façon autonome, est appelé une « machine virtuelle ». Cette terminologie est paradoxale : certes, la machine obtenue n'est pas physique au sens où il est impossible de préciser la localisation de ses composants. Mais elle « existe » et il est toujours possible de repérer *a posteriori* (voire *a priori* pour un/e expert/e) tous ceux qui sont sollicités pour un calcul.

Ainsi, une machine virtuelle contemporaine, telle que celle que nous louent pour un jour ou un an les industriels du numérique, est en fait une actualisation du virtuel. Certes, la dynamique de virtualisation qui tient les deux termes de l'actuel et du conceptuel s'y exerce. Mais nous réalisons ici qu'un effet de langage est privilégié à l'autre : une telle machine aurait pu s'appeler « machine actuelle ». Nous comprenons aussi que l'informatique, science et technique de la circulation perpétuelle entre virtuel et actuel, entre implémentation d'un concept ou d'une méthode et invitation à en théoriser les limites (nombres non calculables, grammaires régulières de Chomsky, etc.), brouille singulièrement les frontières, et donc les sens des mots actuels et virtuels, au profit des opérations intellectuelles. Réapparaît ici, culturellement, le vieux conflit entre psyché et technique, entre spiritualisme et matérialité. Comme si nous préférions invoquer toujours Aristote, malgré les découvertes et mises au point de Dagognet et Goody. La raison est fragile, face au confort offert par les vieilles *doxa*.

Mondes virtuels et spectacle

Nous aurions pu penser que la question de la virtualisation de l'actuel fut close : nous savons que l'opération de conceptualisation ne touche pas que l'actuel, qu'elle se travaille en même temps elle-même qu'elle met en perspective l'objet visé. Nous savons qu'il est inutile de lutter contre les usages quotidiens de la langue.

Mais comment réagir à ceux qui nous font confondre virtuel et possible, virtuel et immatériel, virtuel et irréaliste ? Une licorne ailée qui vient au secours d'un enfant dans un film (sur un écran) sera rapidement qualifiée d'animal virtuel ou d'image virtuelle. Et nous ne pouvons pas faire abstraction des « mondes virtuels » comme *Second Life*, qui a créé une monnaie échangeable contre des dollars bien actuels. France Culture définit d'ailleurs le bitcoin comme une monnaie virtuelle quand cette cryptomonnaie circulant exclusivement sur les réseaux est fondée sur une implémentation unique et non reproductible qui la rend très actuelle au regard des autres fichiers numériques indéfiniment duplicables (https://bitcoin.fr/bitcoin-selon-mark-alizart-philosophe-de-linformatique). Ces faits nous invitent à quitter le champ de l'épistémologie pour nous orienter vers celui de la philosophie morale.

Marion, délégué de l'Académie française, propose une analyse qui a le mérite de tenir compte des avancées de la science et de la technique [Marion, 2011]. Il remarque que le virtuel a vécu une première émancipation avec Descartes et les penseurs de son époque, qui d'une part ont substitué à la matière brute la notion de représentation et d'autre part ont rendu cette dernière rigoureuse par le biais de la modélisation et de la « réduction à la quantification même de ce qui relève de qualités, c'est-à-dire les paramètres » (p. 3 du pdf en ligne). « L'objet devient ainsi comme un phénomène [au sens de Kant]. [... En] ce sens, l'objet phénoménal appartient au virtuel : il substitue à la chose en soi ce qu'en abstrait l'entendement, qui peut prévoir des objets non encore confirmés par l'expérience, qui peut les reproduire à l'identique en laboratoire en faisant abstraction des indéterminations de toute chose réelle, qui peut enfin les produire et reproduire dans l'effectivité industrielle en ajoutant au monde des choses en soi une quasi-matérialité, en principe intégralement déterminée ». À sa façon, Marion reprend ce que Granger, Haroche et Baechler disaient, en plus obscur.

Marion repère une seconde émancipation du virtuel avec l'informatique : démultiplication des modèles et paramètres, et aussi des images. Si le premier point nous semble acceptable, le second est plus problématique : Benjamin se plaignait déjà de la profusion d'images apparaissant avec l'essor de la photographie [Benjamin, 2003 (1935-1955) 2003 (1935-1955)], et rien ne prouve que le nombre d'images ait augmenté de façon significative. Par exemple, il n'est pas certain que le ratio {images du numérique en 2019 / images des années 1980} soit supérieur au ratio {images des années 1900 / images des années 1860}. Pour Marion, cette double dynamique explique le drame contemporain : « le virtuel confisque la vertu d'exister en la produisant sans conditions, ni bornes ». Il reprend Debord pour affirmer que « le spectacle, c'est-à-dire le virtuel s'emparant du réel, s'érige en l'existence même de la société » (p. 6). L'être « ne s'oppose pas à l'apparence, [...] il ne consiste qu'en l'apparence, qui seule a les prestiges du bien et du vrai » ; ce qui, d'après lui, risque de nous conduire au nihilisme et à la confusion, décriée par Deleuze, entre possible et réel [Deleuze, 1968].

Un tel discours, bien qu'argumenté, pose problème car il est sous-tendu par la variante pessimiste du déterminisme technique (ou de l'innovation [Edgerton, 1998]) : la technique (ou ses abus, supposés inévitables) conduit à une virtualisation totale et néfaste du monde. Elle nous dépasse, nous déborde [Heidegger, 1958].

Virtuel et politique

Nous retrouvons ici une étrange alliance entre une forme spécifique d'érudition et des conceptions populaires contre une autre, moins médiatique : l'érudition scientifique. À quoi bon opposer la maîtrise parfaite d'Aristote, Kant, Bergson, Heidegger et Deleuze contre celle de Leibniz, Fourier et Von Neumann ? La prise en compte des deux formes de savoir est possible, nous le constatons avec Granger et Châtelet, et aussi Bergson et Deleuze. Marion semble s'arroger une critique morale définitive de la technique, sans tenir compte des résultats de la mathématique, de la physique connus depuis maintenant deux siècles.

Le nihilisme n'est peut-être pas là où Marion l'explique, mais dans sa propre démarche, puisqu'il s'interdit de rappeler que nous écrivons tout le monde, comme le précisaient Châtelet et Haroche. Puisque notre compréhension du monde passe par son écriture physique, ce monde, osons inscrire les valeurs morales dans la technique plutôt que de nous plaindre de sa définitive inhumanité. Feenberg ne se contente pas de nous inviter à de tels actes. Il nous prouve que nous ne cessons jamais d'adopter de telles pratiques [Feenberg, 2014]. Marion semble « politiser » la philosophie, un peu à la façon des auteurs de l'article Wikipedia, comme s'il était plus important ou rentable de narrer le monde en faisant référence à des auteurs légendaires que d'oser des synthèses qui tiennent compte de tous les apports de leurs successeurs.

Conclusion

Nous n'avons pas élucidé les façons dont l'Internet virtualise le monde. Nous espérons avoir montré que cette hypothèse n'est pas probante. Nous avons aussi mis en évidence des enjeux médiatiques autour de cette question du virtuel et avons préféré les analyses d'académiciens aux pages les plus populaires, les plus consultées. Tous ne sont pas d'accord, mais un point est réconfortant : il est aisé de déceler une identité d'analyses et de théorisations rigoureuses chez les mathématiciens, les physiciens et les philosophes.

Peu importe que la langue confisque l'adjectif « virtuel » au profit de fantasmes ou de simplifications. Nous retiendrons que l'opération de virtualisation, en tant qu'elle précise à chaque fois un peu plus ce que sont ces notions extrêmes et inaccessibles de virtuel et d'actuel, est féconde et constitutive de notre statut d'humains.

Rappelons-nous, Châtelet. Cette opération est un « enchantement qui contourne la magie ». À la refuser, à s'en plaindre, nous savons à quoi nous attendre : au retour du religieux, des raisons qui n'écoutent qu'elles-mêmes.

Bibliographie

[Bachelard, 1983] Bachelard, Gaston. 1983. *La philosophie du non*. Paris : Presses universitaires de France. Première éd. : 1940.

[Baechler, 2011] Baechler, Jean. 2011. « Le virtuel et l'actuel ». Séance solennelle de rentrée des cinq Académies 2011, http://seance-cinq-academies-2011.institut-de-france.fr/discours_baechler.php.

[Benjamin, 2003 (1935-1955)] Benjamin, Walter. 2003 (1935-1955). *L'œuvre d'art à l'époque de sa reproductibilité technique*. Paris : Allia.

[Châtelet, 2010] Châtelet, Gilles. 2010. *L'enchantement du virtuel. Mathématique, physique, philosophie*. Paris : Rue d'Ulm. Édition de Charles Alunni et Catherine Paoletti.

[Deleuze, 1968] Deleuze, Gilles. 1968. *Différence et répétition*. Presses universitaires de France.

[Dhombres, 2012] Dhombres, Jean. 2012. « De l'écriture des mathématiques en tant que technique de l'intellect ». In *Écritures : sur les traces de Jack Goody*, dir. Éric Guichard, 157-197. Villeurbanne : Presses de l'Enssib.

[Edgerton, 1998] Edgerton, David. 1998. « De l'innovation aux usages. Dix thèses éclectiques sur l'histoire des techniques ». *Annales Histoire, Sciences Sociales* 4-5 : 815-837. Voir aussi *Des Sciences et des Techniques : un débat* (éd. de l'Ehess, 1998, p. 259-287). Disponible en ligne.

[Feenberg, 2014] Feenberg, Andrew. 2014. *Pour une théorie critique de la technique*. Montréal : Lux.

[Granger, 2001] Granger, Gilles Gaston. 2001. *Sciences et réalité*. Paris : Odile Jacob.

[Haroche, 2011] Haroche, Serge. 2011. « Le virtuel en physique ». Séance solennelle de rentrée des cinq Académies 2011, http://seance-cinq-academies-2011.institut-de-france.fr/discours_haroche.php.

[Heidegger, 1958] Heidegger, Martin. 1958. *La question de la technique*. Paris : Gallimard.

[Lévy, 2000] Lévy, Pierre. 2000. « Sur les chemins du virtuel », http://hypermedia.univ-paris8.fr/pierre/virtuel/virt0.htm.

[Marion, 2011] Marion, Jean-Luc. 2011. « Le virtuel et le possible ». Séance solennelle de rentrée des cinq Académies 2011, http://seance-cinq-academies-2011.institut-de-france.fr/discours_marion.pdf.

TECHNOLOGIES DÉMOCRATIQUES

LES TECHNOLOGIES DE REGISTRES DISTRIBUÉS DANS L'INDUSTRIE DU POST-MARCHÉ. UN « TERRAIN DE JEU » NATUREL POUR LES *BLOCKCHAINS* ?

Dominique Chabert

Les technologies blockchains, ou registres distribués DLT (Distributed Ledger Technologies) offrent des opportunités significatives de développement aux marchés de capitaux, notamment dans la chaîne de traitement des titres où il s'agit, après la négociation portant sur des actifs financiers, de procéder à la compensation des flux, puis au règlement/livraison, et enfin à la conservation des titres.

*Des infrastructures lourdes sont mobilisées pour assurer l'ensemble de ces fonctions de manière sécurisée, avec les coûts les plus faibles et dans des délais sans cesse plus réduits : les entreprises de marché assurent l'organisation de la négociation. Les chambres de compensation endossent la garantie de bonne fin des opérations et le calcul des soldes nets issus de transactions multiples et décentralisées (*central counterparty et clearing*). Les dépositaires centraux assurent enfin la fonction de conservation ultime des titres émis et en circulation, ainsi que le règlement/livraison des titres contre espèces.*

En dépit d'avancées significatives ces dernières années, les coûts de transaction, les délais d'exécution et la sécurité de traitement ne sont pas toujours optimaux, en particulier pour les opérations transfrontalières.

L'utilisation des blockchains au sein des infrastructures de marchés financiers ouvre des pistes prometteuses pour prendre en charge une partie de ces fonctions logistiques du post-marché afin de traiter, d'enregistrer et de stocker l'ensemble des informations nécessaires à la circulation, au stockage des titres et de la monnaie.

Cet article aborde cette question de l'intégration des DLT dans l'industrie du post-marché. L'industrie des titres, dont les fonctions « notariales » de tenue de registre de stocks de titres et de gestion de leur circulation à la faveur de changements de propriétaires, constitue une voie privilégiée de développement des technologies blockchains. Il existe cependant un certain nombre de freins économiques, techniques et juridiques, à un développement rapide et généralisé des blockchains dans l'univers des titres. Ce n'est pas tant la question de la concurrence exercée par les DLT sur un marché qui gagnerait en contestabilité qui se pose aujourd'hui que celle de la complémentarité et de l'intégration des blockchains sur certains segments de marché mal desservis à ce jour.

Introduction

Depuis 2016, le nombre d'articles, de blogs, de sites consacrés à la technologie des *blockchains*, ou registres délégués *Distributed Ledger Technologies* (DLT), et à ses applications, est particulièrement saisissant. Cette profusion peut susciter le tournis et exercer un effet dissuasif tant ce terrain est d'ores et déjà largement exploré. Il y a de quoi être décontenancé par la rapidité avec laquelle il est désormais possible de se saisir d'une technologie innovante jugée disruptive pour en explorer les contours, les champs d'applications possibles, les opportunités et les menaces.

L'objet de cet article est de se pencher sur l'une des applications possibles de la technologie des *blockchains* dans l'industrie financière et, plus étroitement, dans l'industrie du post-marché : compensation, conservation et règlement-livraison (R/L) des titres. L'industrie du post-marché semble en effet constituer un terrain naturel de développement aux technologies *blockchains* : la chaîne de traitement des titres, après la négociation, touche à des fonctions d'enregistrement, de circulation et de stockage d'actifs monétaires et financiers, autant de fonctions « notariales », de « cadastre » prises en charge traditionnellement par les banques et les infrastructures de marché traditionnel et auxquelles les technologies *blockchains* s'adressent directement **(I)**.

Nous montrerons cependant qu'il existe un certain nombre de freins économiques, techniques et réglementaires importants à un développement rapide et généralisé des *blockchains* dans l'univers des titres. Les fonctions d'intermédiation bancaire de post-marché et d'intermédiation de post-marché (contreparties centrales et dépositaires centraux) conservent en effet de sérieux atouts face à la concurrence que les *blockchains* sont susceptibles d'exercer **(II)**.

I. Les technologies *blockchains* et l'industrie du post-marché des titres : une rencontre faite d'évidence

Les technologies *blockchains* ou de registres délégués DLT constituent, de manière constitutive, un terrain de développement « naturel » aux activités de post-marché de valeurs mobilières. Les axes de déploiement possibles concernent l'ensemble des acteurs mobilisés dans la phase ultime de traitement des titres, établissements bancaires *clearers* (compensateurs) et teneurs de comptes conservateurs *(custodians)* d'une part et infrastructures de post-marché (chambres de compensation et dépositaires centraux de titres) d'autre part.

I.1. Les technologies blockchains : de quoi parle-t-on ?

Les définitions des technologies *blockchains*[1] sont nombreuses. Une définition simple et éclairante que nous proposons de retenir, parmi d'autres[2], est celle proposée par Yves

---

1 Les *blockchains* (ou chaînes de blocs) sont également présentées sous la terminologie de registres distribués ou *distributed ledger technology* (DLT). Cette dernière procède des mises à jour régulières d'une base de données distribuée par constitution progressive d'une chaîne de blocs d'information liés par un chaînage cryptographique reflétant leur ordre chronologique (Collomb, 2017). Dans la suite de cet article, nous négligerons cette nuance et assimilerons indifféremment *blockchains* et DLT.

2 Nous aurions pu retenir également la définition suivante issue d'un rapport de veille du gouvernement britannique : « *A blockchain is a type of database that takes a number of records and puts them in a block (rather like collating them on to a single sheet of paper). Each block is then "chained" to the next block, using a cryptographic signature. This allows block chains to be used like a ledger, which can be shared and corroborated by anyone with the appropriate permissions. There are many ways to corroborate the accuracy of a ledger, but they are broadly known as consensus (the term "mining" is used for a variant of this process in the cryptocurrency Bitcoin). If participants in that process are preselected, the ledger is permissioned. If the process is open to everyone, the ledger is unpermissioned. The real novelty of block chain technology is that it is more than just a database – it can also set rules about a transaction (business logic) that are tied to the transaction itself. This contrasts with conventional databases, in which rules are often set at the entire database level, or in the*

Caseau et Serge Soudoplatoff[3] : *« La blockchain est une technologie novatrice qui permet à des utilisateurs d'effectuer des transactions, financières ou non, garanties et auditables par tout le monde, sans avoir besoin d'un tiers de confiance. Après chaque transaction, une nouvelle ligne vient se greffer au bloc, formant une chaîne indéfectible : la blockchain. Elle incarne le livre de compte 2.0, l'historique de chaque transaction étant répertorié dans un registre décentralisé et redistribué. La complexité des algorithmes utilisés rend ces transactions infalsifiables »*.

Les caractéristiques principales de cette technologie figurent dans cette définition : il s'agit d'un livre de comptes numérique, capable d'enregistrer l'historique de toutes les transactions portant sur un bien, un service ou un actif financier. Ce livre numérique de comptes est un registre distribué, partagé et accessible par de multiples utilisateurs possibles. L'authenticité et l'existence même des transactions sont attestées par de puissants algorithmes. La chaîne peut être auditée, examinée par tous. Il n'est donc pas nécessaire de s'en remettre à un tiers de confiance pour attester de l'authenticité et de la réalité de la transaction : la chaîne, indéfectible, se nourrit de nouveaux blocs à chaque nouvelle transaction, sans effacer les précédentes, et ce, en remontant à la genèse de la transaction.

La disparition du tiers de confiance est probablement l'aspect le plus important de cette définition. C'est en effet la marque de fabrique distinctive de cette technologie. Dans les sociétés

---

application, but not in the transaction ». Source : Government office for science, *Distributed ledger technology : beyond blockchain*, United Kingdom, january 2016, p. 12.

3 Yves Caseau et Serge Soudoplatoff, « La blockchain ou la confiance distribuée », Note pour la Fondation pour l'innovation politique, Paris, juin 2016, p. 6.

traditionnelles, comme dans les sociétés contemporaines, deux individus qui ne se connaissent pas n'ont, *a priori*, pas de raisons de se faire spontanément confiance. Il est par conséquent nécessaire de s'en remettre à un tiers indépendant, et dont l'autorité fait foi pour instrumenter la confiance et faire en sorte que les parties prenantes à la transaction croient en l'authenticité de celle-ci. La confiance entre des acteurs réalisant des échanges repose généralement sur un système centralisé (Berbain, 2017) : *« Les acteurs, ne pouvant se faire confiance mutuellement, choisissent de faire confiance à une entité qu'ils reconnaissent tous (État, banque, notaire...). Ce tiers de confiance tient un registre de leurs transactions, garantissant ainsi la régularité de leurs échanges. En fonction du type de transactions, l'accès au registre peut être libre pour tous, ou restreint à certains acteurs. Dans tous les cas, le tiers de confiance détient le monopole de la mise à jour du registre des transactions afin d'écarter tout risque de fraude »*[4].

À la différence de ces organisations traditionnellement centralisées et hiérarchisées, la technologie *blockchain* repose sur une gestion collaborative d'un registre distribué à tous et permettant de s'affranchir d'une autorité centrale de confiance. La chaîne est vecteur de confiance « intrinsèque », par elle-même. Plus exactement, il s'agit d'une chaîne de consensus distribué (Collomb *et al.*, 2017). Les transactions sont reliées ensemble dans un *blockchain* chronologique par un ensemble complexe de signatures électroniques. Aucune transaction ne peut être ajoutée sans avoir été vérifiée par l'ensemble du réseau[5].

---

[4] Côme Berbain, « La blockchain, concept technologies, acteurs et usages », *Annales des Mines, Réalités industrielles*, Paris, 2017/3, août 2017, p. 6-9.

[5] Les transactions ne sont donc pas validées une par une mais par blocs de transactions. Pour entériner les transactions en l'absence d'autorité bancaire en charge du contrôle des opérations, ce sont un certain nombre de

C'est le consensus généralisé et distribué entre les parties prenantes qui constitue l'acte de foi collective, sans que cet acte de foi ne repose sur un tiers faisant figure d'autorité, morale, spirituelle, politique... ou simplement d'autorité.

La technologie s'affiche comme une réponse apportée face aux vieilles institutions percluses de conservatisme et comme solution moderne à la confiance au moment où les institutions établies traversent une crise de confiance (Manas et Bosc-Haddad, 2017). Le « navire amiral » des applications de type *blockchain*, le bitcoin, est de cette veine libertaire (Chabert, 2017) (Figuet, 2016). *« Après le bitcoin, la blockchain est apparue comme un recours face à des institutions discréditées. Son caractère "antisystème" et "anti-establishment" répond à la renaissance d'un certain populisme. Cette réponse technologique. À la crise de confiance qui mine les sociétés modernes, repose sur une logique anarcho-libertaire et sur l'imaginaire historique des mineurs d'or individualistes de la Ruée vers l'Or du XIXe siècle. À la croisée du refus de l'État des libertariens et du communautarisme "technophilique", la blockchain est l'incarnation contemporaine d'une vision où la conjonction d'intérêts – voire de vices – privés produirait de la vertu publique. Elle s'oppose non seulement à l'État et à la conception régalienne de l'intérêt public, mais aussi aux mécanismes traditionnels de la confiance et de la régulation par le droit »*[6].

---

participants du réseau, les mineurs, qui sont chargés de déclarer valides les transactions. Leur rôle de creusage informatique consiste à vérifier la conformité des signatures et des avoirs transférés avec les informations figurant dans la base de données.

6 Arnaud Manas, Yoram Bosc-Haddad, « La (ou les) blockchain(s), une réponse technologique à la crise de confiance », *Annales des Mines, Réalités industrielles*, Paris, 2017/3, août 2017, p. 103.

I.2. La chaîne de traitement des titres : un terrain d'exercice « naturel » pour les registres délégués ?

De nombreux domaines d'activité ayant trait à l'enregistrement et à la certification de données sont susceptibles d'avoir recours aux technologies des *blockchains* : l'éducation et la formation (certification des diplômes), les actes civils (naissances, mariages, divorces, décès), la santé (enregistrement d'actes médicaux ou de prescriptions) ou encore les droits de propriété (cadastre, actes notariés sur transactions foncières ou immobilières).

L'industrie financière figure en pointe parmi ces domaines susceptibles de recourir aux chaînes de blocs. L'émission et la circulation d'actifs financiers contre actifs monétaires conjuguent impératif de confiance et enregistrement de données dans une organisation réticulaire, de plus en plus mondialisée.

Au sein de l'industrie financière, la chaîne de traitement des titres mérite une attention toute particulière. Une fois négociés sur un marché, une entreprise de marché ou une plateforme de *trading*, les titres doivent être livrés sur le compte titres d'un investisseur acheteur, puis conservés dans ce compte titres où l'ensemble des évènements ponctuant la vie de ces titres (par exemple, un détachement de coupons pour une obligation ou le paiement d'un dividende pour une action) doivent être enregistrés, de manière sécurisée, rapide et au moindre coût (schéma 1).

Schéma 1

Chaîne de traitement des titres, cas d'un achat de titres

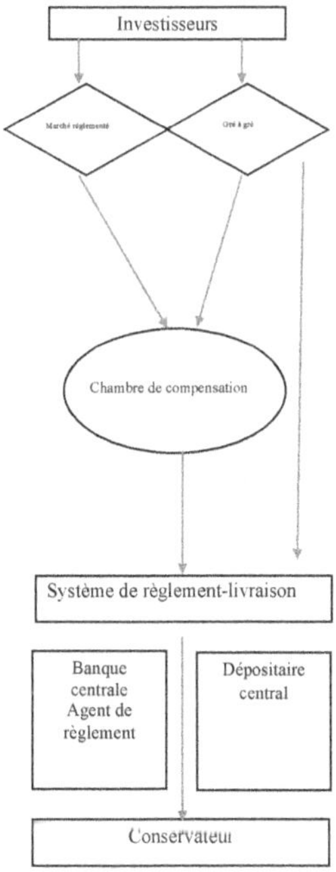

Investisseurs : fonds de pension, compagnie d'assurances, particuliers, etc.
Les transactions réalisées sur le marché réglementé passent par la chambre de compensation. Seule une part du gré à gré passe par la chambre de compensation qui va très fortement augmenter avec l'entrée en vigueur du règlement européen EMIR (European Market Infrastructures Regulation) qui impose une compensation obligatoire sur produits dérivés.
La chambre de compensation : - calcule pour chaque opérateur une position nette en compensant ses opérations symétriques ; - apporte une garantie en devenant la contrepartie unique du vendeur et de l'acheteur ; - opère une compensation multilatérale des positions.
Le système de règlement assure un règlement contre livraison éliminant tout risque en principal.
L'agent de règlement tient les comptes en espèces. Le dépositaire central tient les comptes en titres.
Les titres sont inscrits au compte de l'investisseur chez son conservateur. Le conservateur administre la vie des titres inscrits à son compte.

Source : Figuet (2016) d'après une source Banque de France (2015).

Les activités de post-marché *(post-trade)* organisent la logistique financière déployée au service de l'accomplissement des transactions financières. L'essor des opérations de marché, conjugué à la globalisation financière, a conduit au développement d'infrastructures « lourdes » de marché, centralisées autour de chambres de compensation *(Central Counterparties)*, de dépositaires centraux de titres *(Central Securities Depositories)*. Ces infrastructures centrales sont mobilisées pour assurer la vérification, l'appariement, le rapprochement, la livraison des titres contre règlement *cash*, puis à stocker les actifs dans des comptes *cash* et titres dans des conditions optimales de coût, de délai et de sécurité. Les banques sont impliquées dans l'ensemble de cette chaîne-titres, en qualité de *clearers*, de teneurs de comptes titres conservateurs *(custodians)* et de teneurs de comptes de dépôt. L'exécution complète d'une transaction nécessite l'intervention à la fois d'infrastructures centrales de marché et d'intermédiaires financiers pour enregistrer les opérations, calculer les positions et assurer la bonne fin des transactions (Figuet, 2016).

La chaîne-titres, parfaitement intégrée à l'échelle des marchés domestiques, reste cependant éclatée pour traiter les transactions internationales. Le coût des opérations *crossborders* est singulièrement plus élevé, sans compter les délais de traitement et les risques de suspens ou de défaut de règlement/livraison. Les barrières liées aux opérations internationales ont été pointées de longue date (Giovannini, 2001), notamment en Europe où l'Europe des titres reste plus fragmentée et éclatée que l'Europe monétaire, dont les infrastructures de transport des actifs monétaires sont parfaitement intégrées depuis l'avènement de l'euro (Chabert et Reynaud, 2006).

Les titres et la monnaie, qui ne sont au fond que des chiffres inscrits dans des comptes titres et *cash* pour attester de droits de propriété ou de créance, sont des actifs pouvant parfaitement être enregistrés dans des registres délégués. Les DLT constituent des entrepôts d'informations affranchis des tiers de confiance institutionnels que sont les banques et les dépositaires centraux. Les avoirs *cash* et titres peuvent être signés de manière électronique dans une base de données regroupant l'ensemble des transactions, accessible, partagée par tous les participants, pour attester des droits de créance et des droits de propriété en circulation dans l'économie. La fonction de production et de gestion d'informations privatives constitue une caractéristique des firmes bancaires (Chevalier-Farat, 1992). Comme pour la monnaie scripturale et les titres où la banque prend en charge de vérifier la bonne tenue de transactions nominatives, il s'agit ici de garantir l'authenticité des transactions en validant des blocs de transactions dans un registre réputé infalsifiable[7].

L'industrie du post-marché dans son ensemble constitue donc un terrain propice aux applications de type chaînes de blocs *(blockchains)*. Les registres décentralisés *(Distributed Ledger Technologies – DLT)* peuvent en effet proposer des services alternatifs à ceux offerts par les infrastructures traditionnelles de post-marché aux banques et par les banques à leur clientèle.

La mise en place de registres dupliqués et partagés apporte des perspectives intéressantes pour simplifier le *reporting* et le rapprochement entre des bases de données aujourd'hui dispersées, assurer la traçabilité des transactions, raccourcir les délais, abaisser les coûts de traitement des opérations post-marché et les risques de contrepartie (Figuet, 2016). À cela s'ajoutent que sur les marchés de gré à gré *(Over The Counter)*, les transactions deviendraient plus transparentes et consultables par tous (Figuet, 2016).

Selon une étude réalisée en 2016 par la Réserve fédérale américaine reprise par Alexis Collomb (Collomb *et al.*, 2017), les banques voient dans les DLT plusieurs intérêts :

— réduire la complexité, notamment pour les transactions transfrontalières ;

---

[7] Chaque transaction est validée par les ordinateurs des milliers de membres du réseau, puis reliée à l'ensemble par cryptographie, ce qui rend la base de données inviolable. La modifier exigerait une puissance de calcul de très loin supérieure à celle de tous les ordinateurs du réseau. L'ensemble des échanges peut être tracé et validé, ce qui permet de se passer d'un intermédiaire « certificateur » agissant comme tiers de confiance.

— améliorer le temps de traitement des transactions ;

— réduire les besoins de réconciliation entre les différents registres ;

— augmenter la transparence et l'immutabilité des données ;

— améliorer la résilience des réseaux financiers en les décentralisant ;

— réduire les risques opérationnels et les risques de contrepartie.

Le développement de solutions de type DLT constitue une forme de contestabilité du post-marché, au sens de Baumol (Baumol, 1982). Les acteurs en place... « et de place », intermédiaires financiers et infrastructures de marché, peuvent être concurrencés par ces nouveaux entrants. Les DLT sont en capacité de proposer les différentes fonctions que les banques assument traditionnellement :

— créer des comptes pour stocker de la monnaie et des titres, fonction de dépositaire[8] des banques ;

— garantir ce que les agents ont en portefeuille, *i.e.* assurer que ce que détient un agent économique donné lui appartient bien et n'appartient pas à un autre ;

— administrer les transactions en permettant à un agent de transférer des fonds depuis son compte numérique vers celui d'un autre nommément désigné ;

— mettre à jour les bilans des agents non financiers détenteurs de comptes courants et de comptes titres ;

— garantir le caractère de l'engagement ;

— inscrire toutes ces transactions de manière infalsifiable.

---

8 La banque, teneur de comptes titres pour sa clientèle, est dépositaire des titres pour le compte de ses clients (lesquels sont propriétaires de ces titres et des droits afférant à ces derniers).

Les DLT peuvent également proposer des services pris en charge actuellement par les infrastructures de post-marché, en particulier la fonction notariale de tenue des comptes émission des titres en circulation et le service de règlement-livraison.

Les intermédiaires financiers traditionnels ou d'autres acteurs dans la mouvance des *Fintech* voient dans la *Blockchain* le potentiel de générer des réductions de coût dans les traitements de post-marché, en contournant les intermédiaires de place. Ce fut le cas lors de l'adoption de la directive européenne sur les marchés d'instruments financiers (MIF) en 2007. La MIF a ouvert à la concurrence le marché de la négociation sur titres, jusque-là dominé par les bourses de valeurs mobilières. Cette directive a libéralisé ce marché en instaurant une concurrence possible entre différentes « zones de chalandise des titres » : entreprises de marché traditionnel (bourses de valeurs), plateformes alternatives *(Multi-Trade Facilities)* ou plateformes d'internalisation des ordres au sein de mêmes groupes bancaires.

Dans la continuité de la directive MIF, l'industrie du post-marché, longtemps caractérisée par une organisation en silo (intégration verticale de la négociation, de la compensation et du règlement/livraison dans un même groupe) (Levy-Garboua, 2016) s'est également pour partie libéralisée. Une dose de concurrence a été introduite, avec plus ou moins de succès, entre chambres de compensation, entre dépositaires centraux pour casser l'organisation verticale et privilégier un modèle horizontal supposé être plus efficient[9] : négociation possible en un lieu, compensation en un autre et règlement/livraison en un autre lieu encore. La MIF et les dispositions portant plus spécifiquement

---

[9] Vivien Levy-Garboua, *L'organisation des infrastructures de marché en Europe*, Rapport à la Directrice générale du Trésor, Paris, octobre 2016, p. 19.

sur le post-marché visent à englober l'ensemble de la filière dans un cadre réglementaire commun pour renforcer les dispositifs prudentiels et régulateurs (Lemettre, 2013) et introduire davantage de compétition entre les acteurs et abaisser les coûts de transaction.

La concurrence a été rendue possible par l'entrée de nouveaux acteurs utilisant les mêmes technologies que les acteurs déjà en place ou une concurrence exercée entre acteurs historiquement installés et utilisant également les mêmes technologies. Elle s'est traduite par un mouvement de consolidation et de concentration : fusions entre entreprises de marché, entre chambres de compensation ou encore entre dépositaires centraux (Chabert et Reynaud, 2005) (Lemettre, 2013).

Les DLT marquent une rupture, les nouveaux entrants proposent la même nature de service mais en utilisant une technologie différente. En d'autres termes, la MIF, c'est en quelque sorte la concurrence qu'exerce un nouvel opérateur de transport ferroviaire pour les grandes lignes : un TGV opéré par une compagnie autre que la SNCF. Les DLT, c'est potentiellement la concurrence qu'exercerait un aérotrain circulant sur monorail face au TGV classique. L'objet est le même, transporter un individu d'un point A à un point B, mais en recourant à une technologie et des infrastructures foncièrement différentes. Les *blockchains* marquent en effet cette double rupture : une technologie nouvelle pour stocker et organiser la « mécanique des fluides monétaires et titres » ; des infrastructures organisées en réseaux délégués en lieu et place des infrastructures centralisées.

II. Le développement des blockchains dans l'industrie du post-marché : freins et leviers de développement

Il serait illusoire de penser que les *blockchains* menacent directement les intermédiaires financiers (banques en qualité de *clearers* ou de *custodians*) et les acteurs de place en charge des infrastructures de post-marché (chambres de compensation, dépositaires centraux de titres). Comme à chaque innovation potentiellement disruptive, on peut rapidement verser dans un scénario maximaliste, à connotation « millénariste ».

Or, le sentier de croissance des DLT ne peut être qu'étroit et en pente douce, compte tenu des investissements extrêmement importants qui ont été consentis par les banques et les acteurs en charge des infrastructures de marché ces dernières années. En outre, les fonctions centralisatrices et la gouvernance ont prouvé la résilience et la robustesse lors de la crise de même que le rôle de tiers de confiance a été à nouveau mis en lumière. Ces facteurs peuvent freiner le développement des technologies *blockchains* dans l'industrie classique et laisser entrevoir des pistes de développement prometteuses en complément des activités classiques ou pour proposer des services innovants.

II.1. Les freins au développement de la technologie des DLT

Des investissements antérieurs considérables dans les infrastructures traditionnelles

L'horizon du développement industriel des *blockchains* est encore lointain : il est nécessaire en effet d'obtenir *a minima* un retour sur investissement sur les infrastructures existantes dans une industrie qui n'a pas encore achevé sa mutation. Les *blockchains* n'apparaissent pas dès lors comme des déterminants majeurs des choix stratégiques à court terme (DG Trésor, 2016). Les banques, comme les infrastructures centralisées de marché, ont consenti des efforts d'investissement considérables pour améliorer la fluidité, le coût et la sécurité des opérations de marché. Pour les gros marchés d'actifs et les opérations sur produits Vanille, les plus répandus, les procédures de traitement sont désormais automatisées en STP *(Straight Through Processing)*. Pour les opérations domestiques (par exemple, un titre allemand acheté sur le marché allemand et règle/livré puis conservé en Allemagne), l'apport de la technologie *blockchain* n'a rien d'évident. Les *blockchains* n'apportent pas de réelle valeur ajoutée à l'organisation actuelle de la chaîne titres et à sa performance en termes de coût, de délai et de sécurité. En d'autres termes, la *blockchain*, ce n'est en rien l'avion qui vient de signer l'acte de mort du dirigeable. Aux motifs classiques de réduction des coûts doivent se greffer des perspectives innovantes plus stimulantes, apportant une réelle valeur ajoutée (Collomb, 2016). Il s'agit d'entrevoir d'une part comment ces technologies pourront être intégrées progressivement au sein des infrastructures de marché et, d'autre part, d'envisager la manière dont elles peuvent, en complément de celles-ci, être déployées sur des segments particuliers, par exemple, pour des actifs non cotés, de petits marchés « alternatifs ».

Des fonctions centralisatrices éprouvées

Depuis la crise financière, le développement des contreparties centrales et des dépositaires centraux a été posé comme un acte fort de sécurisation des marchés. Le règlement européen EMIR *(European Market and Infrastructure Regulation)* a érigé comme principe de sécurité des marchés le recours à des mécanismes centralisateurs[10]. Le règlement EMIR impose ainsi l'obligation

[10] Le règlement européen n° 648/2012 sur les produits dérivés de gré à gré, les contreparties centrales et les référentiels centraux (EMIR), publié au *Journal officiel* de l'Union européenne le 27 juillet 2012 est entré en vigueur

de compensation centrale de l'ensemble des dérivés négociés de gré à gré jugés suffisamment liquides et standardisés. En présence d'une contrepartie centrale, le risque de contrepartie peut être intégralement transféré aux chambres de compensation. EMIR avance également le principe de l'adoption d'un cadre juridique harmonisé au niveau européen destiné à assurer que les chambres de compensation respectent des exigences fortes en termes de capital, d'organisation, et de règles de conduite. Le règlement impose enfin une obligation de déclaration à des référentiels centraux de l'ensemble des transactions sur produits dérivés. Les infrastructures de marché post-marché centralisées et traditionnelles, systèmes de *clearing* et de contrepartie centrale d'une part et systèmes de règlement-livraison et de conservation centrale des titres d'autre part sont clairement mises en avant pour sécuriser les marchés d'actifs financiers.

Les services proposés par ces infrastructures de post-marché relèvent du domaine régalien et appellent donc une intensité d'intervention publique, particulièrement forte (...) : le suivi notarial des émissions de titres et les chambres de compensation (Vivien Levy-Garboua, 2016). Pour les dépositaires centraux de titres, par exemple, la fonction notariale centralisée reste un atout largement éprouvé durant la crise financière. Elle a su montrer son avantage en termes de sécurité par rapport au modèle dit luxembourgeois de *registrars* décentralisés. Les

le 16 août 2012. Il est la déclinaison européenne des engagements du G20 au sommet de Pittsburgh (septembre 2009) concernant les marchés de produits dérivés. Il vise à rendre ces derniers plus sûrs et plus transparents. Le règlement impose de nouvelles contraintes aux différents acteurs des marchés de produits dérivés : contreparties financières ou non financières effectuant une transaction sur ces marchés, chambres de compensation. Il introduit d'autre part de nouveaux acteurs, les référentiels centraux, chargés d'enregistrer l'ensemble des contrats de dérivés conclus entre deux contreparties.

chambres de compensation et les CSD ont été particulièrement résilients au plus fort de la crise à la suite de la faillite de Lehman Brothers (Mérère, 2010).

Pour le secteur des titres, il n'est pas certain que les investisseurs gagnent à voir se généraliser une organisation décentralisée affranchie des teneurs de comptes titres et des CSD en qualité de conservateurs ultimes des titres. Le modèle des CSD présente en effet, tant en matière de gouvernance que de structure opérationnelle, de sérieux atouts. Combiné au système de règlement interbancaire Target, le système de R/L de titres Target 2 Securities (T2S), également administré par la Banque centrale européenne, conserve un avantage de sécurité et de stabilité alors que les applications DLT soulèvent encore des interrogations pour atteindre ce niveau de sécurité, dans des conditions de coûts et de délais inégalés. Les infrastructures de post-marché traditionnelles doivent de fait conserver durablement une longueur d'avance.

Dans le domaine de la monnaie, on a pu constater également que l'organisation monétaire hiérarchisée et centralisée autour des tiers de confiance bancaires (banques et Banque centrale) a résisté jusqu'à présent à la concurrence exercée par les cryptomonnaies telles que le *bitcoin*, à la fois en termes de sécurité, de coût et de délai.

Le problème de la gouvernance des réseaux

Dans un rapport publié en janvier 2017, l'organisation américaine FINRA *(Financial Industry Regulatory Authority)* (FINRA, 2017) a alerté les pouvoirs publics et les professionnels du marché sur les risques d'augmentation de la vulnérabilité des marchés que pourrait provoquer l'utilisation de la *Blockchain*, notamment en cas de gouvernance défectueuse des réseaux. En effet, l'un des principes clés de la *Blockchain* est qu'aucune des parties concernées n'est responsable ou autorisée à gouverner et à exploiter le réseau. Si la FINRA reconnaît que cet aspect peut offrir certains avantages, comme, par exemple, fournir un système décentralisé qui ne dépendrait pas d'une partie en particulier, elle souligne qu'un réseau DLT où aucune partie n'est responsable du bon fonctionnement du système peut présenter des risques pour les marchés et les investisseurs. La **FINRA** attire également l'attention sur l'importance de la structure opérationnelle qui doit être mise en place, notamment sur la définition des modalités et des conditions d'*on boarding* et d'*off boarding* des participants. Quels critères d'éligibilité et conditions d'agrément pour un nouvel arrivant et comment exfiltrer un participant qui ne respecterait pas les règles de fonctionnement ou le code de bonne conduite ?

L'importance de la fonction de tiers de confiance

Les *blockchains* sont souvent associés à des ambitions de désintermédiation des tiers de confiance. Les banques ont cette fonction d'intermédiaire de confiance en leur qualité et teneurs de comptes espèces et titres. Les Banques centrales et les dépositaires centraux de titres également : la Banque centrale émet la monnaie publique ultime dans laquelle toutes les monnaies commerciales privées sont convertibles au pair. Elle cimente une communauté monétaire autour du moyen de paiement doté du pouvoir libératoire légal. Le dépositaire central assure l'authenticité et l'existence des titres sur le territoire sur lequel il a autorité.

Les DLT entendent substituer à ce modèle de la confiance verticale, un modèle de confiance distribuée, dans une chaîne de consensus décentralisé (Caseau, 2016). La défiance vis-à-vis des institutions va de pair avec une confiance dans les systèmes informatiques (Manas et Bosc-Haddad, 2017). Confier la confiance à un algorithme, imaginer une confiance numérique sans institutions de régulation et de réglementation peut sembler illusoire sinon dangereux, dans une finance mondialisée dont on constate souvent le défaut de régulation. Qui est responsable en cas de risque opérationnel majeur (par exemple, une faille dans un code), en cas d'instabilité systémique ? Qui arbitre ? La fragilité constitutive du système financier, son instabilité, sont souvent pointées. La confiance numérique n'écrase pas le besoin d'institutions. Elle peut contribuer à transformer leur rôle mais ne les abolit pas.

II.2. Les leviers de développement de la technologie des DLT dans la chaîne-titres

Les Banques centrales, les chambres de compensation, les dépositaires centraux de titres, mais aussi les grands acteurs privés du paiement ont engagé des travaux de recherche, des groupes de travail, voire des prototypes de DLT. Il s'agit pour l'instant principalement d'initiatives de veille pour les acteurs centraux et de positionnements stratégiques pour les acteurs privés afin de se positionner face à la concurrence de nouveaux entrants[11]. Plusieurs banques sont investies dans des expérimentations de la chaîne de blocs et ont participé à des levées de fonds de la start-up R3[12].

---

[11] Les principaux acteurs des systèmes de paiement tels que Visa, MasterCard, Paypal s'intéressent aux DLT (B2C Connect, Mastercard Blockchain, Paypal Braintree). S'agissant des marchés financiers, les initiatives portent plutôt sur des actifs non cotés (Linq du Nasdaq) ou des marchés de niche. Une des initiatives les plus abouties est celle du marché australien ASX qui envisage de remplacer son système de clearing par un registre distribué (Collomb, 2016). D'autres chambres de compensation semblent également s'intéresser à ces technologies.

[12] R3 a été fondée en septembre 2015 par une *start-up* américaine qui regroupait de grandes banques internationales (dont trois françaises) pour

Du côté des régulateurs, l'Autorité européenne des valeurs mobilières (AEVM) a adopté en 2017 une position d'ouverture sur le développement des DLT dans la sphère financière[13]. À l'instar de la plupart des acteurs de marché, l'ESMA se donne le temps de mieux comprendre la DLT et ses applications possibles sur les marchés financiers sans risquer d'étouffer le développement d'applications ou de processus potentiellement utiles.

C'est dans cet esprit que s'inscrit la position française. En décembre 2017, la France a été le premier pays de l'Union européenne à définir un régime juridique adapté pour le transfert de propriété de titres par un dispositif d'enregistrement électronique partagé (DEEP). L'ordonnance[14] facilite le transfert de propriété de certains titres (parts de Sicav ou fonds communs de placement, titres de créances négociables, actions et obligations non cotées) au moyen d'une chaîne de blocs. Cette ordonnance, qui modifie le Code monétaire et financier, précise les modalités de règlement de titres financiers dématérialisés au moyen d'un dispositif d'enregistrement électronique partagé[15].

---

imaginer et proposer des solutions de chaînes de blocs dans l'industrie du titre, selon des approches communes.

13 ESMA50-1121423017-285 du 7 février 2017.

14 L'ordonnance devrait entrer en application au plus tard le 1er juillet 2018.

15 L'ordonnance a retenu le champ le plus large possible, à avoir l'ensemble des titres non admis aux opérations d'un dépositaire central de titres et, en pratique, ceux pour lesquels l'émetteur pourra décider de l'inscription dans un registre délégué. Cette catégorie recouvre notamment les titres de créance négociables (TCN), les parts ou actions d'organismes de placement collectif en valeurs mobilières, les titres de capital émis par les sociétés par actions et les titres de créance autres que les TCN, à condition qu'ils ne soient pas négociés sur une plateforme de négociation au sens de l'article L. 420-1 du Code monétaire et financier.

Un décret en Conseil d'État doit préciser (juillet 2018)[16] les conditions d'utilisation de ces dispositifs d'enregistrement électronique partagé et les agents autorisés à les gérer, fixer les règles de responsabilités ainsi que les exigences de sécurité. Il importe de souligner que les titres pouvant faire l'objet d'une inscription dans un registre délégué sont ceux qui ne sont pas admis aux opérations d'un dépositaire central de titres comme Euroclear France.

S'il est difficile d'entrevoir l'impact des *blockchains* sur l'industrie des titres (et de la monnaie), quelques orientations se dessinent d'ores et déjà.

En premier lieu, ce n'est sans doute pas vers des chaînes de blocs publiques (comme c'est le cas pour le *bitcoin*) que l'on s'oriente mais vers une organisation autour de chaînes de places, privées, accessibles seulement à des membres agréés ou semi-privées. Une solution, actuellement testée par des établissements financiers consiste à mettre en place leur propre chaîne de blocs. C'est l'un des objectifs que s'assignait le consortium R3. Parmi les expérimentations testées figure la validation des transactions par un ensemble présélectionné de nœuds, et non par la totalité des certificateurs, ce qui doit contribuer à une plus grande fluidité des transactions par rapport à une chaîne de blocs publique (Figuet, 2016). C'est ce sens que prennent les premières dispositions visant à encadrer l'utilisation de la DLT pour certaines opérations liées aux titres.

En second lieu, les premières expériences vont sans doute se développer sur des segments de marché placés en dehors des marchés les plus importants (marchés actions, produits de taux, change au comptant et à terme) qui traitent les volumes les plus

16 Les dispositions de ce décret n'étaient pas connues au moment de la rédaction de cet article.

importants et concentrent le plus d'opérations. Des applications peuvent être envisagées pour des parts de fonds, notamment les parts de fonds mutuels destinés au financement des PME (fonds de type Micado[17], par exemple).

Développement dans les activités de back et de middle office des BFI et des sociétés de gestion d'actifs

La réduction du travail de réconciliation entre les différentes contreparties des transactions de marché figure parmi les principales avancées attendues des DLT. Ces activités de réconciliation sont encore effectuées à l'aide de tableaux Excel (Collomb *et al.*, 2016) (Muniesa, Chabert, 2011). Les régulateurs sont également confrontés à ces problèmes de réconciliation (Rossignol et Laurent, 2017) lorsqu'ils centralisent et agrègent des fichiers émanant des participants du marché. Des DLT peuvent laisser entrevoir des perspectives d'automatisation prometteuses pour ce travail de réconciliation de données. « Les technologies de registre distribué [...] permettraient d'instaurer une vision unique et, par là même, une vision de référence, partagée entre l'ensemble des acteurs et des opérateurs d'un marché. Dans ce modèle, chacun aurait une vision limitée aux échanges sur lesquels il est intervenu, mais, d'une part, les écarts entre les différents acteurs devraient être nuls et, d'autre part, une vision globale et exhaustive serait offerte aux autorités de tutelle qui pourraient alors jouer pleinement et de manière efficace leur rôle de contrôleur. Le règlement des

17 Fonds dont l'actif est constitué d'obligations émises par des ETI ou des PME.

échanges pourrait être effectué en fin de journée, voire plus fréquemment[18] ».

Des développements possibles dans le trade finance et la mobilisation des créances commerciales

Dans les opérations de commerce international sur marchandises ou matières premières, les activités de Trade Finance[19] restent aujourd'hui encore très formalisées et marquées par le recours aux procédures papier héritées des pratiques marchandes des banques génoises et vénitiennes. Le formalisme y est particulièrement important. De multiples acteurs sont concernés, en provenance d'univers propres et relevant de juridictions différentes (fournisseurs, clients, assureurs, transporteurs, douaniers, banquiers. La confiance entre ces intervenants multiples passe par ce formalisme et l'élaboration de nombreux documents de validation « en chaîne » (passages en douane, dépôt dans les entrepôts, connaissement…).

Les technologies de registre distribué permettent à ces acteurs de digitaliser cette chaîne, chacun apportant ses informations propres, tout en ayant la garantie qu'aucun membre, ni même un administrateur de l'ensemble, ne pourrait venir la corrompre (Rossignol et Laurent, 2017). Les DLT sont susceptibles ici de combler un vide et d'apporter une valeur ajoutée décisive, plus que dans l'industrie du post-marché, beaucoup plus largement industrialisée, automatisée, voire « digitalisée ».

---

18 Éric Rossignol, Xavier Laurent, « La *blockchain*, un levier de digitalisation pour les banques de financement et d'investissement », *Annales des Mines, Réalités industrielles*, 2017/3, août 2017, p. 35.

19 Elles consistent, pour une banque, à financer une marchandise pendant la phase où celle-ci est transférée du vendeur à l'acheteur (par exemple, par bateau).

Dans le même ordre d'idées visant à améliorer l'existant, on peut également imaginer des solutions de type DLT pour la mobilisation de créances commerciales pour les entreprises même si de nombreuses questions juridiques restent à ce jour posées (Rossignol et Laurent, 2017).

Conclusion

À court et même à moyen terme, un développement de masse des *blockchains* apparaît peu probable dans une industrie du post-marché marquée par de considérables efforts d'investissement réalisés ces trente dernières années pour améliorer la performance de la chaîne de traitement des titres, pour les opérations domestiques comme pour les opérations transfrontalières. De plus, les activités de post-marché présentent des économies d'échelle importantes, poussant à une concentration naturelle des activités au sein d'un ou deux opérateurs de grande envergure. Leurs activités sont fortement encadrées par la puissance publique puisqu'elles touchent au régalien et peuvent loger un foyer de risque de type systémique.

Les infrastructures de marché ne constituent pas un terrain de développement naturel aux *blockchains* comme on pouvait le croire, mais plutôt un terrain d'analyse intéressant pour pointer les limites et les facteurs de développement de ces nouvelles technologies dans une industrie où une double illusion a longtemps colonisé les esprits : celle de la dématérialisation et celle de la désintermédiation. La dématérialisation de la monnaie et des titres n'est qu'un voile qui masque l'importance et la lourdeur des infrastructures mobilisées pour assurer l'émission, la circulation et la conservation des actifs. La désintermédiation a également été un trompe-l'œil dans la mesure où la financiarisation de l'économie mondiale s'est traduite par une complexité sans cesse croissante de la chaîne d'intermédiation.

Les DLT sont à la fois de nouvelles infrastructures financières, et de nouvelles formes d'intermédiation sous forme de plateformes dédiées, avec les investissements que les unes et les autres supposent. On peut difficilement imaginer qu'elles se substituent aux infrastructures en place qui ont largement été modernisées et remaniées ces trente dernières années au point que certains retours sur investissement ne sont pas encore assurés.

Si elles ne peuvent se substituer à un existant dont on attend encore pour partie qu'il se stabilise et produise ses effets, les technologies *blockchains* sont sans doute appelées à se développer sur des segments de marché particuliers placés en dehors des grands axes de la circulation monétaire et des titres, comme les parts de fonds communs de créances qui ne sont pas enregistrées dans les livres d'un dépositaire central de titres ou encore les activités « périphériques » comme le *trade finance*, assujetti à un lourd et contraignant formalisme papier. Au sein des activités de la banque de financement et d'investissement, les DLT peuvent apporter des solutions complémentaires à l'existant pour contribuer à résoudre les problèmes de rapprochement de données en contrepartie. Le travail de rapprochement entre des fichiers éclatés, issus de différents acteurs reste aujourd'hui une activité chronophage dans les équipes de *back* et de *middle offices* qui pourraient gagner au développement de registres partagés.

L'avenir industriel des solutions DLT supposera l'adhésion des acteurs impliqués et faire preuve, au-delà des avantages en termes de coût, de délai et de sécurité, d'un apport décisif en termes de prestation et de services nouveaux au bénéfice de la communauté financière dans son ensemble.

Références bibliographiques

Baumol William J., “Contestable markets: An uprising in the theory of industry structure”, *American Economic Review*, Pittsburgh, 1982, Vol. 72, No. 1, p. 1-15 (March).

Berbain Côme, « La blockchain, concept technologies, acteurs et usages », *Annales des Mines, Réalités industrielles*, Paris, 2017, août 2017, p. 6-9.

Caseau Yves et Soudoplatoff Serge, « La blockchain ou la confiance distribuée », *Fondation pour l'innovation politique*, Paris, juin 2016, 52 p.

Chabert Dominique, « La Monnaie. De Junon Moneta à Money Data. Peut-on se passer d'un tiers de confiance ? », *Mélanges offerts à François Dagognet. Le sens des objets*, Éditions universitaires du Liban, Université Libano-Française, Beyrouth, Tripoli, 2017, p. 77-99.

Chabert Dominique, Chanel-Reynaud Gisèle, « L'évolution des dépositaires centraux de titres en Europe : des fonctions stables dans un espace mouvant », *Revue d'économie financière*, Paris, 2006, n° 82, p. 221-239.

Chabert Dominique, Muniesa Fabian, Scott Susan, “Back-office intricacy: the description of financial objects in an investment bank”, *Industrial and Corporate Change*, Oxford, 2011, 20(4), p. 1189-1213.

Chevalier-Farat Thérèse, « Pourquoi des banques ? », *Revue d'économie politique*, Paris, 102(5), septembre-octobre 1992, p. 633-685.

Collomb Alexis *et al.*, « Technologie des registres distribués : quel impact sur les infrastructures financières ? », *Annales des Mines, Réalités industrielles*, Paris, août 2017, p. 25-28.

Figuet Jean-Marc, « Bitcoin et *blockchain* : quelles opportunités ? », *Revue d'économie financière*, Paris, mars 2016, n° 123, p. 325-338.

Financial Industry Regulatory Authority FINRA, *Report on distributed Ledger Technology: Implications of Blockchain for the securities industry*, Washington D.C., 2017, 21 p.

Giovannini Group (2001), *Cross-Border Clearing and Settlement Arrangements in the European Union*, Rapport à la Commission européenne, Bruxelles, 2001, 45 p.

Government office for science, *Distributed ledger technology: beyond blockchain*, London, United Kingdom, january 2016, 88 p.

Lemettre Jean-François, « Le commerce du capital. Des entreprises de marché à la régulation financière », *Innovations*, Paris, 2013, n° 40, p. 165-192.

Levy-Garboua Vivien, « L'organisation des infrastructures de marché en Europe », *Rapport à la directrice générale du Trésor*, Paris, octobre 2016, Vivien Levy-Garboua, 35 p.

Manas Arnaud, Bosc-Haddad Yoram, « La (ou les) blockchain(s), une réponse technologique à la crise de confiance », *Annales des Mines, Réalités industrielles*, Paris, août 2017, p. 102-105.

Mérère Joël, « Avenir et enjeux pour les dépositaires centraux de titres européens », *Revue d'économie financière*, Paris, 2010, n° 97, p. 87-100.

Rossignol Éric, Laurent, Xavier, « La blockchain, un levier de digitalisation pour les banques de financement et d'investissement », *Annales des Mines, Réalités industrielles*, Paris, août 2017, p. 34-37.

Technologies et démocratie – une relation souvent sulfureuse

Christopher Malone

Lors d'une chaude journée de l'été 2016, une rencontre a lieu à Londres entre deux individus de passage dans la capitale britannique. Ne se connaissant pas, ils se retrouvèrent dans un bar discret devant quelques scotchs de qualité. Les deux interlocuteurs de fortune centrèrent rapidement leurs échanges autour de questions internationales, chacun œuvrant dans ce domaine. L'un, en effet, était diplomate australien de haut rang. L'autre consultant américain, avec des affaires en cours aussi bien aux États-Unis qu'en Europe de l'Est. Le bon scotch aidant à délier les langues, l'Américain ne tarda pas à vanter ses multiples contacts, aussi bien au sein de l'organisation électorale de Donald Trump, alors fantasque candidat à l'investiture républicaine à l'élection présidentielle de l'automne 2016, que parmi des opérateurs proches du Kremlin, combinaison quelque peu surprenante à première vue.

Au fil des échanges, le diplomate commença à appréhender un tableau de faits difficilement croyables : à première vue, son interlocuteur dressait devant lui les contours d'une collaboration étroite entre plusieurs responsables de l'entourage de Trump et des hommes de confiance de Vladimir Poutine, qui, selon le consultant, se serait donné les moyens d'intervenir efficacement dans la campagne en cours aux États-Unis, et ce, en faveur du magnat new-yorkais de l'immobilier. Un peu sonné par les révélations qu'on lui faisait, le haut fonctionnaire saisit immédiatement ses autorités de la nature des affirmations qui lui avaient été servies lors de la rencontre fortuite qu'il venait de vivre.

Un enchaînement diabolique

Tout aussi rapidement Canberra, l'Australie étant partenaire de Washington au sein du groupe de cinq pays anglo-saxons (groupe dit des cinq sœurs : le Canada, les USA, le Royaume-Uni, l'Australie ; la Nouvelle-Zélande), partageant les données générées à travers leurs activités de renseignement et d'écoutes, informa les services de renseignement américains des propos tenus à Londres devant leur représentant. Ce qui avait transmis par leurs alliés était d'une importance telle que le FBI n'avait d'autre choix que d'ouvrir une enquête approfondie, d'autant plus que les écoutes d'autres services de renseignement américains depuis le printemps 2016, semblaient indiquer que Poutine avait personnellement décidé d'engager la Russie dans la campagne américaine, en faveur de Trump. Cette campagne visait d'abord Hillary Clinton. Il jugeait celle-ci coupable d'avoir tenté de déstabiliser le pouvoir moscovite lors de son passage au secrétariat d'État. Trump, par contre, plaidait depuis quelque temps en faveur d'un rapprochement avec le régime dirigé par l'ex-guébiste.

Ces premiers éléments d'une saga qui allait ébranler la démocratie américaine dans ses fondements furent suivis d'un véritable tsunami d'enquêtes, de révélations, de crises politiques aiguës. Cette série de mises en cause de l'ordre international était provoquée par celui qui profita sans aucun doute de l'incursion de technologies malintentionnées sur la scène électorale, lieu par excellence de l'exercice de la démocratie.

Donald Trump triomphe avec l'appui décisif de la technologie

Alors que la candidate Clinton se voyait sévèrement étrillée par le FBI pour ne pas avoir su utiliser de manière sécuritaire les technologies de communication à sa disposition à quelques semaines de l'élection, par le biais de Wikileaks, Moscou inonda les rédactions américaines de dizaines de milliers de communications électroniques internes du Parti démocrate. Cette offensive ne contribua pas à en donner une image favorable, tout en manipulant les services de Tweeter et de Facebook, par les biais de dizaines de milliers de messages conçus par une officine à Saint-Pétersbourg et des bureaux moscovites de la GRU ; avec des contenus et des adresses faux de A à Z. Elle reprenait, parfois de manière maladroite, les thèmes et attaques favoris des républicains.

Le jour de l'élection, que Trump perdit sur le plan du vote populaire, faut-il le rappeler, par une marge non négligeable, quelques dizaines de milliers de voix exprimées dans trois États du Middle-ouest suffirent pour lui faire gagner une majorité des voix au sein du collège électoral créé par les très patriciens pères de la Constitution américaine. On a toutes les raisons de penser que pour la première fois, les technologies de l'information ont joué un rôle très important dans l'issue d'une lutte électorale acharnée. Mais on était loin d'en avoir fini avec les révélations sur l'action à distance des alliés moscovites du parti de la droite américaine. Tout au long de 2017 et 2018, de nouvelles données vinrent confirmer le rôle des technologies de pointe dans l'évolution de la scène politique des États Unis et d'autres pays.

À plusieurs reprises, l'ensemble des responsables des services de renseignement et de sécurité nationale vinrent publiquement confirmer qu'il ne faisait aucun doute à leurs yeux que la Russie était intervenue, par le biais des technologies de l'information, de diverses manières, dans la campagne électorale, avec un penchant net en faveur du candidat Trump. On apprit aussi que la famille de la richissime ministre de l'Éducation de Trump avait financé le recours par la firme britannique Cambridge Analytica qui participa à la campagne en faveur du Brexit, à des solutions technologiques sophistiquées pour avoir un tableau précis, à partir de données collectées sur Facebook, des opinions et préférences de centaines de milliers d'électeurs dans des États pivots sur le plan électoral. Cela permit de les bombarder de messages efficaces à l'approche de la date des élections – combinant la versatilité des technologies de l'information avec les résultats de la fine pointe de la recherche en psychologie.

Enfin, on a appris que les Russes entendaient remettre ça, selon les services de renseignement américains, très tôt avant le début de la campagne de 2020, alors que le gouvernement fédéral américain fait preuve, selon la plupart des observateurs, de léthargie devant la menace. On a aussi appris tout récemment que Facebook, malgré ses déclarations à l'effet que la firme allait mettre de l'ordre parmi les acheteurs des données de ses clients, a prolongé l'accès de Mail.ru à ces données. Or, il est généralement admis que cette entité sert de paravent pour les activités déstabilisatrices du FSB, digne successeur du KGB. Quand il s'agit de profits pour Facebook, les bonnes intentions s'évaporent.

Que la Russie de Poutine, héritière d'une longue tradition soviétique de *compromatsiya*, l'art d'influer sur le fonctionnement de systèmes politiques étrangers, intervienne dans le processus électoral du « principal adversaire » ne devrait pas nous surprendre. Avant l'irruption à l'avant-scène des technologies actuelles, comme l'a démontré le magistral ouvrage de l'ancien archiviste du KGB, Dimitri Mytrokhyne, les organes léninistes, puis staliniens, eurent largement recours aux techniques et médias, notamment la radio le cinéma, selon les époques – pour exercer dans un sens antidémocratique, en faveur de Moscou, une action visant à orienter, le déroulement de la vie démocratique des pays occidentaux en premier lieu, avec un taux de, sur réussite très variable toutefois.

Il n'y a pas que les Russes qui agissent contre la démocratie. Un récent article, long et détaillé, du *New York Times* examine comment le gouvernement chinois met en œuvre depuis quelques années ce que le journal désigne comme étant un régime d'autoritarisme algorithmique antidémocratique, à l'aide de technologies de reconnaissance faciale et d'intelligence artificielle, à une échelle impensable ailleurs. Les traits faciaux de dizaines de millions de Chinois, particulièrement dans les régions musulmanes de l'ouest du pays, sont désormais enregistrés dans des banques de données des agences de sécurité de l'État, permettant d'identifier dans les lieux publics aussi bien des criminels de droit commun que des dissidents politiques et ethniques (comme les Ouïghours).

Les systèmes en place actuellement fonctionnent plus ou moins bien, selon des spécialistes chinois qui s'expriment de manière anonyme, mais le niveau de développement technologique dans ce secteur est très rapide et le simple fait pour les citoyens chinois des grandes villes de voir des policiers se promener avec des lunettes à vision intelligente inspire la crainte. Plusieurs compagnies chinoises, avec l'appui des autorités, démarchent désormais activement les services d'autres régimes autoritaires, laissant entrevoir une extension future de ces technologies à visée antidémocratique. La seule façon d'agir contre ce type de menée serait, à court terme, de changer la nature du régime chinois, vaste entreprise s'il en est.

Tout le monde s'y met, y compris pour ce qui est de la stupidité

Mais, pour revenir au cas américain, des politicologues républicains de ce pays font remarquer que le premier groupe à avoir eu largement recours, avec succès, aux technologies d'influence, fut l'organisation électorale de Barack Obama. Selon ces analystes, proches de la droite, les républicains, n'ont fait qu'imiter le Parti démocrate à l'approche des élections de 2016. Le fait est que le candidat démocrate d'alors fut le premier à être en mesure de cibler des centaines de milliers d'électeurs potentiels, à l'aide de données numérisées traitées selon des paramètres des lois des grands nombres. Les analystes politiques estiment aujourd'hui que le recours aux outils rendus disponibles par le développement des technologies de l'information joua un rôle incontestable lors des deux victoires d'Obama en 2008 et 2012.

Mais le Parti démocrate, curieusement, ne tira aucune leçon des enseignements de ces deux campagnes, en se montrant aussi naïf qu'incompétent en 2016, en laissant ses fichiers pratiquement sans protection et en faisant de même pour l'ensemble de ses communications internes. La candidate Clinton ne fut pas plus avisée – ses déboires en matière de communications électroniques peuvent lui avoir coûté l'élection, selon plusieurs observateurs.

On se trouva donc, aux États-Unis en 2016 devant une situation où l'ensemble des acteurs engagés, légitimement ou illégitimement dans le processus conduisant à l'élection du président, le poste probablement le plus puissant au monde, eurent très largement recours à une panoplie de technologies rendant possible une perversion sans précédent de la démarche démocratique dans ce pays. Le développement accéléré de ces technologies laisse entrevoir, à l'aide d'algorithmes de plus en plus performants, la multiplication de nouvelles approches permettant de produire des résultats électoraux fabriqués à distance dans des officines obscures, avec la complicité plus ou moins explicite de ceux qui en profitent.

Technologie et démocratie

Il ne va pas de soi, toutefois, que les technologies en cause se retrouvent au service de desseins antidémocratiques, opaques le plus souvent. Les technologies de l'information fournissent, en effet, à la vie démocratique une foule d'outils rendant l'exercice des droits de chacun plus facile et efficace. Pensons simplement à la diffusion d'informations les plus diverses auprès de publics souvent démunis des moyens d'accès traditionnels à celles-ci. L'organisation matérielle des scrutins peut être largement facilitée par le recours à ces technologies. La mobilisation au service de causes politiques s'en trouve aussi largement facilitée. On n'a pas besoin de réfléchir très longtemps, de fait, pour appréhender jusqu'à quel point la technologie au service de la démocratie constitue un facteur majeur de progrès et d'approfondissement, en même temps qu'elle peut façonner de manière positive son exercice par un nombre toujours plus grand de citoyens.

On peut soutenir, par ailleurs, que la démocratie sous les formes qu'on lui connaît aujourd'hui, dans bon nombre de pays en tout cas, doit beaucoup à l'apparition à des époques successives de nouveaux types de technologies. Ainsi, dans l'Angleterre de la fin du XVIIIe siècle, l'irruption de la mécanisation de l'industrie textile et le recours massif du charbon comme source d'énergie ont fait passer le pays d'une société agraire à une forme primitive mais réelle de société industrielle. Cette évolution modifia en profondeur sa composition sociologique avec l'apparition d'une classe bourgeoise aux contours modernes et un prolétariat très nombreux, concentré dans des milieux urbains. Le système politique anglais s'en est trouvé bouleversé et les organes de représentation, la Chambre des Communes, en premier lieu, vit son rôle et importance se démultiplier.

Curieusement, comme le démontrent plusieurs études récentes marquantes, même si elle fut rédigée au même moment que les bouleversements démocratiques commençaient à prendre pied dans la Mère-patrie, la constitution américaine actuelle est le reflet d'une société agraire préindustrielle du XVIIIe siècle, dont les dirigeants fondateurs se méfiaient de la « populace », ce qui les incita à placer de multiples garde-fous, antidémocratiques à nos yeux contemporains, dans la Loi fondamentale du pays – le fonctionnement du collège électoral étant peut-être la meilleure preuve de cette théorie.

Autre exemple de l'effet du changement technologique sur le fonctionnement des systèmes politiques : les bouleversements des technologies des transports (moteurs à vapeur, chemins de fer, aviation, etc.) qui donnèrent une puissante impulsion aux phénomènes migratoires à partir du milieu du XIXe siècle, et partant, à la circulation des personnes, des biens et des idées. Ces mutations ne contribuèrent pas peu à l'extension des pratiques démocratiques, ou, du moins, des aspirations démocratiques des populations partout sur le globe. L'apparition du tourisme de masse a aussi un impact sur les débats politiques, comme les campagnes en cours dans divers pays du pourtour méditerranéen (notamment l'Espagne) le démontrent. Les progrès des sciences de la santé ont été à l'origine de dynamiques démographiques, les effets sur la vie politique sont indéniables.

Il n'est donc pas difficile d'établir que la science et son émanation, le développement technologique et progrès de la démocratie sont allés de pair depuis bientôt trois siècles. Mais, bien entendu, le développement technologique a démultiplié les moyens guerriers, aboutissant aux horreurs des deux guerres mondiales et aux conflits de plus en plus cruels que l'on connaît depuis 1945. Il a fourni aux ennemis de la démocratie des moyens répressifs et de propagande sans précédent qui ont produit leurs effets sinistres de manière spectaculaire sous les régimes soviétique et nazi : pensons simplement à ce qu'Hitler, comme ses biographes le répètent, a fait de la radio et de l'aviation pour arriver au pouvoir et l'asseoir avec une rapidité imprévue, au rythme des changements technologiques. On peut donc soutenir aussi que le développement technologique a fourni aux ennemis de la démocratie les moyens de le défaire.

Des intérêts considérables et des effets politiques importants

C'est que beaucoup d'acteurs internationaux et nationaux ont des intérêts à promouvoir, qui les mettent en conflit avec les valeurs démocratiques, voir les conduise à vouloir miner délibérément celles-ci. Il s'agit d'abord d'intervenants économiques, en premier lieu les entreprises dites GAFA (Google, Apple, Facebook, Amazon), dont la rentabilité sans précédent est fondée essentiellement sur la vente de données obtenues chez des clients plus ou moins conscients du mécanisme dans lequel ils s'enferment en devenant clients « gratuits » des géants et de leurs multiples filiales. Avec les technologies actuellement disponibles, les entreprises peuvent tirer une multiplicité de renseignements sur leurs clients et tous leurs contacts, renseignements qui se vendent chèrement sur un marché en extension rapide, celui de l'influence, comme le démontre le cas de Cambridge Analytica. L'immensité de la capitalisation boursière de ce secteur indique bien la place centrale qu'il occupe au sein d'une économie mondialisée.

Comme les événements de ces dernières années le démontrent aussi amplement, la sécurité des données entre les mains des GAFA est toute relative, ce qui permet à des intervenants illégitimes de se les procurer à faible coût. La maturation rapide des outils d'analyse des données obtenues légalement ou non a progressé aussi à un rythme exponentiel ; on peut s'attendre à une évolution encore plus rapide à cet égard, avec la mise au point de techniques d'analyse reliées à l'intelligence artificielle.

Nombre d'acteurs politiques aux marges des systèmes trouvent avec les technologies de l'information les moyens d'influer sur le débat public dans un sens destructeur, en injectant des thèmes conflictuels et des données mensongères à grande échelle, comme le fait actuellement l'extrême droite (*alt right*) aux États-Unis, pervertissant la vie collective dans de nombreux domaines, comme l'enseignement supérieur. Enfin, des individus plus ou moins déséquilibrés sont désormais en mesure d'intervenir pour exacerber les fractures sociales, s'en prendre à des catégories d'individus de manière d'autant plus méprisable qu'anonyme, provoquant des blessures dont on n'a pas fini de cerner les impacts.

Plusieurs études politiques récentes, dont le *New York Times* s'est fait l'écho, mettent en lumière des phénomènes de distanciation entre groupes sociaux, qui s'enferment dans des bulles constituées de communautés partageant les mêmes opinions. Imperméables à toute autre argumentation, ces groupes, comme c'est le cas pour les spectateurs de la chaîne de nouvelles câblées *Fox News*, constituent des blocs violemment antagonistes qui font écrire à certains commentateurs, minoritaires faut-il le préciser, que les États-Unis n'ont jamais été aussi près d'une guerre civile, situation largement attribuable aux médias sociaux selon ces mêmes commentateurs.

Comme nous le notions plus haut à propos de la campagne du Brexit, les menées antidémocratiques conduites avec l'aide des technologies de l'information ne sont pas un phénomène qui frappe exclusivement les États-Unis. Il semblerait, en effet, que la première campagne de ce type ait d'abord frappé les pays baltes au tournant des années 2000 ; dans le cadre de l'offensive russe en vue de déstabiliser les régimes démocratiques en place à Riga et dans les deux autres capitales ; ces campagnes ont causé des perturbations considérables dans ces États de ce que les Russes désignent sous le nom de « proche étranger » et ont permis aux services russes de conclure que le recours aux nouvelles technologies pouvait donner des résultats probants. On aurait assisté, par la suite, à des campagnes visant la France (en faveur du FN), l'Italie et les élections britanniques, avec des recours massifs aux médias sociaux dans chaque cas. Aucun pays n'est à l'abri ; des rumeurs veulent que des services spéciaux libanais aient offert, volontairement ou plus probablement involontairement, des plateformes relais pour ce type d'action.

Des effets annoncés mais non entendus ; le profit avant tout

Ce qui frappe lorsqu'on examine l'ensemble ce tableau plutôt désolant, ce sont les actions, dont il a été question ici, ont été largement connues et suivie des services de renseignement et de plusieurs milieux politiques proches de ceux-ci. L'on sait maintenant que l'administration Obama était très au fait de l'ensemble de l'offensive russe et ses effets sur la campagne de 2016 et a longtemps hésité à en faire état (même si Obama a averti Poutine directement, lors d'un face-à-face photographié en marge d'un sommet multilatéral, que Washington ne saurait tolérer l'immixtion de Moscou dans le processus démocratique américain, avertissement qui eut peu de suites, d'après ce que l'on sait). C'est qu'Obama craignait personnellement d'être accusé de vouloir favoriser Clinton. Lorsqu'il autorisa finalement les chefs des services de renseignement à dénoncer l'action russe, la sortie eut lieu un jour où l'actualité était tellement fournie que leur intervention n'eut qu'un écho assourdi auprès des médias. Malgré le changement de régime à Washington, les services de renseignement affirment que Moscou poursuit toujours son action et que les élections de 2018 et 2020 sont dans leurs collimateurs.

Facebook fait l'objet de dénonciations depuis des années à propos de sa sécurité laxiste, sa prédation massive de données personnelles et leur mise en vente auprès du plus offrant, l'opacité de son fonctionnement ; rien n'y fait. Même après l'éclatement de l'affaire de Cambridge Analytica, Facebook traîna les pieds pour prendre des mesures efficaces contre les voleurs d'identité et les « *trolls* » ; rien n'indique à l'heure actuelle, alors que l'on sait que des campagnes de désinformation sont en cours, que Facebook se soit réellement donné les moyens d'agir ; Twitter encore moins.

Selon les statistiques disponibles actuellement, le cours des actions de ces entités n'aurait que peu souffert des crises qu'elles ont affrontées et les profits sont toujours au rendez-vous. Les centaines de millions d'usagers des services de ces deux firmes n'entendent nullement délaisser leurs moyens de communication et d'information favoris et continuent d'étaler leurs états d'âme, leurs amours et leurs haines, voir leur sexualité sans restriction sur des réseaux que l'on sait frelatés par la cupidité la plus extrême et les manœuvres les plus illicites. La plupart de ces clients ne peuvent ignorer totalement ce qui a été dit et écrit depuis des années sur les failles de réseaux sociaux, mais ils semblent immunisés contre toute forme de prudence et de discernement.

Les démocraties réagissent en Europe et en Californie

Il n'y a que deux initiatives récentes qui paraissent de nature à renverser la vapeur en faveur de valeurs démocratiques minimales – la Directive européenne concernant la protection des renseignements personnels, malgré ses imperfections et la toute nouvelle loi du très avant-gardiste État californien. La violence de la réaction hostile suscitée par l'entrée en vigueur de ces textes à Washington et dans Silicon Valley, où l'initiative est perçue comme une attaque frontale contre le modèle économique dominant (et ultra-rentable) de l'industrie. L'Administration Trump entend d'ailleurs les contester au nom de la liberté du commerce (comprendre ; le droit de faire des profits sans restriction aucune), ce qui ne manque pas d'ironie. Les deux textes sont importants en ce qu'ils forcent chaque utilisateur (du moins espère-t-on) à prendre conscience des enjeux suscités par l'utilisation des technologies de l'information et d'être conscient de ce à quoi il, comme l'ensemble de la société, s'expose en y ayant recours.

Le problème doit être abordé par toutes les démocraties, y compris les émergents, avec la volonté ferme d'aboutir à un terrain de jeu transparent et équitable. Les GAFA constituent la cible première de cet effort, mais il doit englober la multiplicité d'acteurs qui évoluent autour d'eux. Il s'agit d'abord de baliser les conditions d'accès au terrain en trouvant les moyens efficaces d'interdire les acteurs illégitimes qui interviennent sous de fausses représentations (on sait qu'il s'agit de millions d'entités). Il faudra, ensuite, en sauvegardant les fondements du droit qu'est la liberté d'expression (sans laquelle il n'y a pas de démocratie), de s'en prendre aux discours haineux et mensongers – sans doute un des éléments les plus ardus de l'exercice. Le modèle économique des GAFA devra faire l'objet d'un examen attentif, afin de cerner les mécanismes de profit qui poussent aux abus en matière de vente aux tiers de données personnelles.

Lorsque la vague d'indignation contre les pratiques des GAFA et les usages antidémocratiques des technologies de l'information atteint des niveaux tels que celle à laquelle on a assisté en Californie, les GAFA, qui entendaient mener une guerre à outrance contre le projet, sont capables de reconnaître qu'ils n'ont d'autre choix que la négociation avec les promoteurs de mesures législatives d'encadrement de leurs activités, d'autant plus que ceux-ci savaient qu'ils avaient toutes les chances de remporter un référendum législatif prévu pour ce mois de novembre. Le rapport de forces a joué, dans ce cas comme à Bruxelles, en faveur des valeurs démocratiques.

C'est là peut-être la principale leçon que l'on peut tirer de ces deux démarches réussies : une mobilisation très déterminée et coordonnée des formations politiques et de la société civile est requise pour l'emporter, dans une lutte avec des enjeux économiques aussi considérables, les bons sentiments ne suffisent pas. Il ne faut pas s'illusionner non plus à propos de la portée de ce type d'initiative dans le temps : une vigilance de tous les instants s'impose pour être capable de discerner la signification des innovations technologiques qui se feront jour dans un proche avenir, et ce, à un rythme de plus en plus rapproché. À l'ère de l'intelligence artificielle et des algorithmes, la préservation de la démocratie qui est une obligation fondamentale de notre temps est à ce prix.

L'HOMME ET LA TECHNIQUE : QUEL HUMANISME POUR DEMAIN ? SCIENTIFICITÉ TECHNIQUE, MORALE DU BUT ET PERSPECTIVES D'ACTION

Antoine Messarra

Résumé

1. La technologie, comme tout progrès, devient victime de son propre progrès, quand on perd la conscience des limites et de la finalité.

2. La robotisation de la pensée et des modes de vie compromet les acquis de la civilisation et l'avenir de la démocratie.

3. Les ravages s'observent dans presque tous les domaines du savoir, les sciences de la nature, la thérapie médicale, les médias, le droit, les technologies de l'information... au mépris des valeurs fondatrices de toutes les sciences et surtout de la qualité humaine des sciences... humaines.

4. Quelles sont les perspectives d'action au niveau de l'éducation scolaire et de l'université et en vue d'un humanisme et d'un progrès « modérément moderne » et pour une morale du but ?

Les rapports entre l'homme et la technique peuvent être appréhendés, pour toute réflexion à la fois philosophique et empirique, comme les rapports entre le Créateur et la créature et, humainement, les rapports entre la paternité et la maternité et la progéniture. Les rapports entre le géniteur et sa création sont harmonieux, ou subordonnés, conflictuelles, rebelles...

Nombre d'écrits récents traitent de l'intelligence dite artificielle, des robots qui vont désormais gérer et ravager notre quotidien.

Les plus exaltés *croient* – et le terme croire est ici fort approprié – qu'on va désormais produire de la pensée, de l'intelligence, et même une humanité robotisée.

La tyrannie technologique ravage aujourd'hui presque tout l'enseignement scolaire et universitaire avec des mémoires, des thèses et des recherches qui se réduisent à des prouesses techniques en matière d'enquête par sondage, de statistiques, de calculs de pourcentage et des graphiques sophistiqués.

C'est à partir du moment où l'homme devient tributaire de la technique, dépendant, esclave de la technique que les facultés de penser, de réfléchir, de comprendre, et même d'écouter, de sentir, s'émoussent et même se perdent dans une civilisation où tout devient technologie. C'est un univers orwellien où la manipulation de l'homme s'opère désormais à travers un arsenal de machines de production d'images, d'opinions, de contrôle et de gestion de la vie quotidienne.

Les pères fondateurs, dont Henri Bergson, pressentaient la problématique de l'homme dans un monde de surdéveloppement technique.

La technique de l'artisan

Les rapports humains, porteurs d'humanisme, c'est-à-dire de valeurs de liberté, de dignité, de créativité et d'épanouissement, sont ceux de l'artisan. Il crée l'outil, le manie, s'en sert sans en être esclave, toujours disposé à améliorer l'outil et aussi à combler par un apport tout personnel les insuffisances de la machine. La machine-outil ne domine pas l'artisan, ne le remplace pas, ne se substitue jamais à son intervention consciente, volontaire et éclairée. L'artisan pouvait même se passer de l'outil pour créer ou improviser un autre outil, ou utiliser l'outil conventionnel d'une autre manière que celle largement répandue.

Il faudra aujourd'hui, avec le bicentenaire de la naissance de Karl Marx, questionner la notion de progrès. L'idée de progrès a-t-elle vieilli ? Le progrès a-t-il un avenir ? Qu'est-ce que désormais le progrès ?

Des écrits académiques prétendent que les fléaux sont confinés dans des zones minoritaires de la planète et que l'humanité va se lancer vers un nouveau défi : le bonheur, la perfection physique et l'immortalité, vers un « homme Dieu » à la fois omnipotent, parfait et immortel et que les technologies seraient en tout cas en passe de le permettre.

On écrit aussi que des machines dites intelligentes vont réussir à s'émanciper, puis à dominer les humains. *Sapiens* serait alors éliminé ou soumis à une espèce supérieure qu'il a lui-même enfantée. Un troisième scénario, intermédiaire est possible : celui du cyborg où les humains fusionnent en partie avec les machines pour former une espèce hybride. Des récits de science-fiction sont bâtis sur des trames similaires avec une argumentation superficielle.

Les êtres vivants y sont assimilés à des « algorithmes biologiques », la conscience n'étant qu'une fiction, un paravent qui voile la réalité de processus neuronaux automatiques. Or, c'est exactement l'inverse que découvrent les neuroscientifiques qui réhabilitent la conscience comme un processus central de pilotage des activités cognitives complexes.

L'imminence d'une nouvelle « ère des machines », qui fait l'objet d'une avalanche de publications, est remise en cause par les vrais experts. Dans *Le mythe de la singularité* de Gabriel Ganascia, l'auteur s'attaque à ce mythe de la probable émancipation des machines.

IA a fait des progrès importants grâce notamment au *deep learning* (apprentissage profond). Des « machines apprenantes » savent désormais reconnaître des images, traduire des textes, faire des diagnostics médicaux, à partir d'une démarche par essai-erreur dite « d'apprentissage supervisé », car un expert humain est là pour les corriger au fil des expériences. IA a réussi à égaler les experts humains dans le diagnostic médical (cancer du sein ou mélanome). En 2016, le logiciel Alphago de Deepmind a réussi à battre au jeu de go l'un des meilleurs joueurs mondiaux. SI la performance a impressionné, on oublie de dire qu'Alphago ne sait faire qu'une seule chose : jouer au jeu de go. Le programme de Deep Blue avait battu Kasparov aux échecs, en 1996, écrit Jean-François Dortier. C'est pour la même raison qu'un jeune sportif entraîné par un coach finit par dépasser son maître : il mobilise l'expérience de son professeur au profit d'un potentiel plus grand, mais au final il ne développe qu'une compétence spécialisée et initiée par son maître : sauter plus haut, courir plus vite ou mieux jouer à un jeu. Voilà comment fonctionne l'apprentissage supervisé. Ces spéculations sur l'autonomie de la machine qui « apprend toute seule » résultent d'une méconnaissance du fonctionnement réel de l'IA.

Gérard Berry, professeur au Collège de France, l'affirme dans son livre, *L'Hyperpuissance de l'informatique* : « On fait une confusion complète entre apprentissage et intelligence artificielle. » Aucune machine apprenante n'est capable de transférer ses capacités d'un domaine à l'autre, ce qui est une des caractéristiques de l'intelligence humaine. Les « machines apprenantes » ne sont pas intelligentes : elles ne comprennent pas ce qu'elles font. Un programme de traduction automatique comme celui de Google ne fait qu'apprendre à utiliser un mot dans un contexte donné, en puisant dans une grande masse d'exemples. Les machines apprenantes sont parfaitement idiotes : en aucun cas, elles ne comprennent la signification d'un mot ou n'acquièrent de règles de grammaire.

Bons assistants

Laurence Devillers, spécialiste de l'IA, professeure d'informatique à l'Université Paris-Sorbonne, critique les mythes de l'autonomie prochaine des machines. Dans *Des robots et des hommes*, elle s'attaque aux mythes et fantasmes qui entourent l'IA. Pour elle, les machines sont et resteront encore pour longtemps de bons assistants du travail humain.

Tout comme une machine à laver ou une calculette sont d'excellents assistants dans leurs domaines de prédilection, l'IA et les objets connectés (comme la voiture semi-autonome) sont des assistants efficaces des humains : ils allègent leur travail sans se substituer à eux. Depuis un demi-siècle déjà existe le pilotage automatique qui assiste les pilotes d'avion sans les remplacer. Inutile donc de fantasmer sur un lointain avenir que personne n'a jamais su prévoir en matière technologique. La question est plutôt d'apprendre à vivre avec et en faire d'utiles compagnons de nos vies.

Walt Mossberg, spécialiste des nouvelles technologies écrit : « Votre maison, votre bureau, votre voiture seront truffés d'ordinateurs et de capteurs. Mais vous ne les verrez plus. J'appelle cela la technologie ambiante. »

La technologie n'a jamais été aussi présente dans nos vies, si présente et si puissante qu'elle change littéralement le monde.

Boris Razon écrit : « Notre téléphone nous le rappelle chaque jour, cette manière insistante que nous avons de le caresser ou de le poser, en évidence, sur la table pour le couver du regard. Il bipe, vibre, sonne de mille façons. Et avec lui viennent la géolocalisation, les caméras, les capteurs multiples. Il compte les pas, les kilomètres parcourus, les heures de sommeil, sa qualité. Mais cette *hybris* technologique se double d'un phénomène inverse. Ce qui porte le sens de la technologie désormais, c'est son effacement. Elle tend à se dissimuler. On pourrait dire que c'est son ambition, le sens de son histoire : se fondre dans le paysage. Et en disparaissant, elle envahit tout. »

Trois processus en marche

Nombre de processus sont en marche. D'abord la *miniaturisation*. Chaque année, la superficie des processeurs diminue de moitié, tandis que leur puissance double. Des laboratoires du CNRS évoquent l'existence d'un monde nouveau : le nanomonde, à l'échelle de l'atome. C'est la miniaturisation de la technologie jusqu'à sa disparition, au moins symbolique. Dans ces conditions, notre œil ne peut plus voir l'ordinateur ou le processus technique. Dans *Du nouveau dans l'invisible* (Odile Jacob, 2017), Jean-Claude Carrière, Jean Audouze et Michel Cassé rapprochent les progrès de la technologie et ceux de l'astrophysique. Dans les deux cas, infiniment petit et infiniment grand deviennent inconcevables pour des cerveaux humains habitués à la raison et à une forme ancienne de réalité. Il convient, disent-ils, de changer d'échelle, de mode de perception, d'accepter un continent d'invisibilité sur lequel le cerveau humain bute.

Deuxième processus : la capacité à capter, à *emmagasiner des données*. Les équipements sont plus ou moins grossiers, mais de la même manière que notre téléphone est capable de « monitorer » notre sommeil, demain, des capteurs dissimulés dans des objets anodins pourront prendre la mesure de notre température, de notre tension artérielle ou de notre état d'esprit, en s'appuyant sur des indicateurs tels que la sudation. On sait aujourd'hui capter les ondes alpha du cerveau et détecter si vous avez peur, si vous êtes content ou inquiet. Des laboratoires travaillent à l'élaboration de fictions qui évoluent en fonction des émotions perçues et captées en temps réel. Parmi les capteurs, il y a bien évidemment des caméras capables d'analyser et d'interpréter les images qu'elles filment, de les comprendre. De distinguer les consommateurs dans un magasin, par exemple, ou de comprendre qu'un homme a fait tomber un paquet de céréales.

Troisième processus : la capacité à *traiter les données* ainsi recueillies. Opération effectuée par une intelligence artificielle qui a été programmée pour apprendre, donc pour évoluer. Google Home ou Amazon Echo sont dotés d'intelligences artificielles, les fameuses IA. Elles ne calculent pas, mais apprennent des situations et sont capables de les évaluer. C'est une forme de raison numérique établie sur l'appréhension et l'évaluation en temps réel des faits.

Aujourd'hui, la technologie est encore visible. Il faut des enceintes, des décodeurs, des téléphones portables. Rien ne paraît cependant pouvoir empêcher qu'ils s'évanouissent au fur et à mesure pour laisser la place à des capteurs et à des intelligences moins visibles.

Principes simplificateurs du cerveau

Dans *La Simplexité* (Odile Jacob, 2009), Alain Berthoz, professeur au Collège de France, donne une définition de ce concept qui correspond à notre devenir technologique : « Ce mot résume pour moi, écrit-il, une nécessité biologique apparue au cours de l'évolution pour permettre la survie des animaux et de l'homme sur notre planète : malgré la complexité des processus naturels, le cerveau doit trouver des solutions, et ces solutions relèvent de principes simplificateurs. Elles permettent de traiter, très rapidement, avec élégance et efficacité, des situations complexes, en tenant compte de l'expérience passée et en anticipant l'avenir. »

Dans *Le Dieu caché* (1955), Lucien Goldmann se livre à une analyse de la conscience tragique dans les *Pensées* de Pascal. « Le Dieu de Pascal et des jansénistes, écrit-il, a changé de nature. On passe d'un âge baroque où les manifestations et représentations sont multiples et prégnantes à un dieu caché, invisible, toujours présent et toujours absent qui ne dit pas ce qu'il attend de l'homme et le laisse se débattre dans une conscience inquiète, tragique. Ainsi, l'invisibilité technologique réinvente-t-elle le Dieu caché. Dans un espace où tout est capté, analysé, pensé pour nous servir, se crée une nouvelle dépendance qui nous rend intranquilles. Comme un majordome efficace et silencieux, la technologie nous prodigue ses soins, analyse nos besoins, mais que nous demande-t-elle en retour ? »

La vertu de prudence

Pour *Hans Jonas* (1903-1993), le progrès technique est arrivé à un point tel qu'il ne s'agit plus, à l'échelle collective, de délibérer sur la juste mesure ou le meilleur, mais sur le moins pire. Telle est la prudence moderne : « un impératif de la responsabilité » qui nous mène au « principe de précaution » et nous oblige vis-à-vis des générations futures.

Pour *Aristote* (384-322 av. J.-C.), la *phronesis* est une vertu qui dispose l'homme à évaluer ce qu'il y a de meilleur à faire pour lui-même et pour les autres dans une situation donnée. Façon de trouver la juste mesure, elle s'acquiert à force d'expérience. Critère de l'action excellente, elle est, avec la science, la marque de notre rationalité.

Pour *Machiavel* (1469-1527), la prudence est moins une vertu intellectuelle et morale qu'une qualité politique – celle du prince œuvrant à la stabilité de son État. Loin d'être un homme de la juste mesure, le prudent est celui qui sait anticiper les variations de la « fortune » en agissant à temps, même avec cruauté, pour l'unité de son peuple.

Pour *Hobbes* (1588-1679), si la prudence était à l'origine même de l'État ? Chez l'auteur du *Léviathan*, elle est cette faculté naturelle de tirer des leçons du passé pour se projeter dans le futur. Elle permet simplement de rester en vie ! Pour sortir de la guerre de tous contre tous, nous jugeons plus prudent de nous associer sous une autorité incontestable.

Pour *Nietzsche* (1844-1900), alors que l'« audace folle » et la « témérité irréfléchie » caractérisent les bons et les distingués, la prudence est un calcul froid (et frileux) promu par les médiocres. Érigée en règle par ces « hommes du ressentiment », elle leur permet de se persuader qu'ils choisissent librement d'être faibles et timorés.

Dilution du sens de la responsabilité

Simone Weil dans *Réflexions sur la barbarie* (1939) considère la barbarie comme « un caractère permanent et universel de la nature humaine, qui se développe selon que les circonstances lui donnent plus ou moins de jeu ». Elle est constitutive de l'humanité.

La technologie avancée provoque une dilution du sens de la responsabilité. On est profondément choqué, en participant à des rencontres, des séminaires, des travaux académiques aujourd'hui, par l'étalage d'un savoir dépourvu d'un sens de la responsabilité.

Des mémoires, des thèses versent dans des descriptions, des analyses laborieuses, des critiques et des propositions, à longueur de pages, sans que vous puissiez ressentir un brin de souci de la part le celui qu'on appelle chercheur à propos de l'impact de tout cela sur le lecteur, la vie, la réalité, l'avenir…

Plus grave. Si vous soulevez une telle remarque, on vous accuse d'empirisme. On brandit l'idée que la recherche doit être objective et désintéressée. Objectivité, désintéressement… relèvent de la méthode, c'est-à-dire du chemin à suivre pour arriver à un but. Mais on ne pense plus au but. Le savoir est vidé de sa finalité. Ce n'est plus du savoir, mais de la gnose, de la démangeaison intellectuelle.

À quoi mène cette irresponsabilité du savoir, dans des mémoires, des thèses, des conférences, des séminaires… qui mobilisent des professeurs, des intellectuels, des gens de tous bords et même des gens qui se disent acteurs et qui doivent être acteurs dans la vie ?

À quoi cela mène ? À ce que nous vivons aujourd'hui de barbarie, à un monde déboussolé, au verbe verbeux et vide, à la tyrannie de l'opinion, à l'inefficience des législations, des politiques publiques, des projets et recommandations pour la galerie.

Ceux qui pressentent ces dérives brandissent les exigences sur l'éthique de la recherche et du travail scientifique, mais réduisent l'éthique à des considérations techniques dans la méthode et la démarche.

La responsabilité du savoir, c'est le souci d'être utile pour des humains, les prochains, proches ou lointains, qui ne sont pas des objets de recherche, mais des sujets vivants qui pensent, souffrent, attendent...

On remplace mondialisation par « mondialité ». Tout le patrimoine valoriel de l'humanité, puisé des grandes philosophies, du siècle des Lumières, des grands courants de pensée, de spiritualité et des croyances religieuses, on le remplace par « solidarité » et « interdépendance ». On remplace tout l'apport du christianisme à propos du prochain, par « relation ». On propose un « ordre juridique planétaire » en oubliant que le droit seul ne peut fonder une société, que le droit par essence est normatif, c'est-à-dire fondé sur des valeurs. On répond verbalement à de grands problèmes pour se donner bonne conscience.

Pourquoi faut-il que *moi* je sois solidaire ? Puis-je être, moi, solidaire, responsable interdépendant, à défaut de certitudes qu'Emmanuel Mounier appelait « difficiles », si je ne suis pas, moi, « bâti », comme disait Antoine de Saint-Exupéry, sur un ensemble de valeurs d'ordre moral, en considérant, banalement, que la morale, par essence, est la science du bien et du mal.

Le bien, le mal sont-ils des notions éculées qu'il ne faut plus utiliser si on veut être scientifique ? On considère que le droit peut désormais tenir lieu de morale.

Un nouveau collectivisme se répond à la place des collectivismes idéologiques d'autrefois, fondé désormais sur la prédominance de la technique.

Même la « relation » est désormais réductible à des mécanismes de psychologie individuelle et relationnelle, fondés sur « l'intérêt », et non – aussi – sur l'oubli de soi, l'élan d'amour, le service, la compassion, le pardon.

On voit, et on vit déjà, une pensée robotisée par la domination de la technique, au détriment du patrimoine valoriel de l'humanité, dans la famille dite nucléaire, famille fragmentée, décomposée, composée ou recomposée. Y a-t-il encore une famille, la famille, des familles, là justement où l'interdépendance et la solidarité sont nécessaires, impératives, vitales, maximales.

Quand la pensée devient robotisée

Ma plus grande déception dans toute ma carrière enseignante durant plus d'un demi-siècle, je la ressens à la suite d'une thèse de doctorat, avec un titre pourtant prometteur sur le leadership féminin au Liban.

Le leadership, par essence singulier, se réduit ici à la recherche de catégories, de cadres conceptuels, de données, de chiffres et de tableaux. Sans enthousiasme, sans émotion, sans dynamisme, sans autre souci que la description formelle, dans une impersonnalité qui se prétend académique et scientifique.

Ces leaderships féminins, qu'est-ce qu'elles ont chargé, quelles valeurs ont-elles semé et récolté en société, quels élans et quelles contagions ont-elles provoqués, quels espoirs ? Tout cela n'est pas considéré comme scientifique.

Malgré tous les efforts, malgré toute la prétendue expérience de terrain, tout revient à des schématisations d'ordre technique, avec un acharnement à tout déshumaniser au nom de la science dite exacte.

La personne humaine est ici réduite à un robot ambulant, parfaitement programmé. Tout ce qui déborde la programmation, c'est de l'anomalie. Le leader même devient anomalie quand il n'obéit pas à un schéma préétabli. C'est la négation même du leadership, de l'humanité de l'homme en tant qu'acteur libre et volontaire.

Il en est qui ont été ainsi formatés, dans des sessions dites de formation, à l'application de techniques sans âme, comme si on peut produire un leadership comme on produit de la betterave ou un appareil ménager.

L'individualisme forcené atteint la famille aujourd'hui. Le lien familial n'est pas réductible à la notion de « relation », ni à des mécanismes si louables qu'ils soient de psychologie relationnelle déshumanisée.

Pire que cette approche mécanique de la « mondialité », de la « solidarité », de « l'interdépendance », et de la « relation », c'est la perception de tout cet étalage, descriptif, analytique et sans profondeur, comme étant normal. Or, même le mot normal a perdu sa signification, bien qu'il provienne de norme, c'est-à-dire d'un ensemble de valeurs.

Que faire face à une mondialisation sauvage ? Non pas des mots et seulement des techniques, mais retour aux fondamentaux valoriels et aux pères fondateurs. La démocratie n'est pas un ensemble de techniques. Le droit n'est pas un ensemble de techniques. La solidarité et l'interdépendance ne sont pas seulement une science relationnelle.

Pauvres pères fondateurs : Aristote, Rousseau, Montesquieu, Voltaire, tous les grands philosophes de l'humanité, les auteurs de la Déclaration universelle des droits de l'homme, Jacques Maritain et son « humanisme intégral », Emmanuel Mounier et son « personnalisme », pauvres surtout Jésus, Mahomet, saint Thomas d'Aquin..., désormais tous jetés aux oubliettes avec la « mondialité », la « solidarité », la « relation », le « droit planétaire ».

Sous le titre tranquillisant, comme le tranquillisant médical, d'« humanisme apaisé », c'est l'inhumanisme de la scientificité technologique.

Pensée robotisée, inconscience ou ingratitude ? En tout cas ingratitude d'une humanité d'aujourd'hui qui s'approprie superficiellement le patrimoine valoriel des pères fondateurs en le reniant et prétendant innover avec des mots et en réduisant toute la science, y compris les sciences dites humaines, à un ensemble de techniques.

Le désastre, l'inefficience, l'aveuglement atteint son summum quand le changement est exclusivement appréhendé en termes techniques, en ce qui concerne pourtant des problèmes d'éducation, de formation, d'apprentissage, de politiques publiques, d'État de droit, de démocratisation... On nourrit l'illusion du changement, on se donne bonne conscience, on manipule en politique l'opinion, on s'honore avec les apparences du progrès et on se dispense de tout effort dans les profondeurs du tissu social de la culture, des comportements, les résistances, rigidités et opportunités d'ordre culturel.

On se dérobe de la sorte de vrais problèmes. Il y a là un nouveau type d'évasion, de divertissement au sens pascalien.

Le changement technique est exclusivement technique. On l'applique en tant qu'ensemble de mécanismes et on s'asservit à ces mécanismes qui dispensent de penser si leur application modifie vraiment les rapports sociaux et s'ils ont un impact.

La pensée est, par essence, *autre* que la technique. La pensée est libre, fluctuante, rêveuse, imaginative, imprévisible, vagabonde, poétique, mystérieuse… et, en somme, infinie. Elle est de l'ordre de *l'Être* et non de *l'étant*. Par contre, la technique, par nature, est programmée, limitée, exclusivement utilitaire et fonctionnelle, *hic et nunc* (ici et maintenant), sans autre horizon que sa propre finalité. En ce sens, Paul Valéry disait : « Il n'y a pas un art de penser, mais de repenser, de reprendre sa pensée. »

Retour à Heidegger : la technique, l'être et l'étant

Heidegger (1889-1976) considère le monde comme pris dans le tourbillon de la production et de la construction, de l'expansion et de la conquête. Dans ses *Cahiers noirs*, livres qui rassemblent divers écrits, il emploie à maintes reprises le terme *Machnschaft*, que l'on peut traduire en français par « machination, mais aussi par "faisabilité" ». Il associe ce mot au monde la technique, qui ne pense qu'à tout produire, à faire que tout devienne réalité, mais aussi à manigancer des intrigues, à fabriquer des prétextes pour que l'homme reste soumis à l'étant, occupé par les inventions techniques, qu'il s'agisse d'armes ou d'engins agricoles. Les produits de cette *machination*, de cet effort productif et factuel, enchaînent l'homme et l'éloignent du véritable sens de la terre et de l'être.

Face à cette pensée « calculante et dominante », il y a « la pensée méditante », la réflexion lente et tranquille qui ne cherche pas à atteindre un objectif. Le philosophe est convaincu qu'il n'y a rien de plus contraire à la réflexion et à la sérénité que le fracas de l'atelier où chaque travailleur s'efforce de produire à l'infini des objets, des instruments, des appareils, des outils, tous étant *vendables*, éphémères et interchangeables. Heidegger considère que l'homme, à l'ère de la technique, s'est transformé en automate *qui ne pense qu'en calculant*. Il a oublié qu'il est aussi possible pour lui de *méditer*. Quand l'homme est livré à la suprématie de la technique, le monde est bouleversé et expérimenté divers concepts en « ismes », ceux que Heidegger dénonce au début de sa *Lettre sur l'humanisme*.

La technique n'est ni bonne, ni mauvaise en soi. Elle est donnée, advient, domine de la même façon que le nihilisme domine l'ère moderne.

L'idée que l'énergie atomique appliquée à des fins civiles puisse rendre la vie de l'homme plus heureuse s'est tant et si bien répandue que beaucoup en oublient le danger.

La pensée calculante fait perdre à l'homme la relation avec la terre et la nature. Edgar Morin prône pour cela le retour à l'agriculture. Pour la « pensée calculante », la terre est devenue un objet à exploiter, un « réservoir géant ». Hannah Arendt étudie le totalitarisme et forge le concept de la « banalité du mal ».

L'herméneutique contemporaine compte parmi ses représentants un brillant disciple de Heidegger, Hans-Georg Gadamer, lui-même professeur de l'Italien Gianni Vattimo, qui, influencé par Nietzsche et par Heidegger, inspirera la théorie de la « pensée faible ».

Heidegger a développé dans la dernière période de sa vie, notamment dans sa *Lettre sur l'humanisme* sa réflexion sur un monde « empêtré dans la technique et le nihilisme », dans « l'oubli de l'être », ainsi que sa recherche de la « sérénité ».

Il soutient pendant toute sa vie que les véritables *penseurs* ne cherchent pas à « être pratiques », mais à comprendre la totalité des choses, contrairement aux scientifiques, qui tâchent de comprendre des parcelles de la réalité. Les véritables penseurs, assure-t-il, sont « unilatéraux » et n'étudient qu'un seul sujet, et cela depuis l'aube de l'histoire de la pensée, comme l'atteste cette maxime de Périandre de Corinthe, l'un des Sept Sages de la Grèce antique : « Soucie-toi de l'étant dans sa totalité. » Cette phrase est aussi la devise de Heidegger, qui se soucie uniquement de l'être, de la totalité de l'étant, de ce qui *est*. Il répète à de nombreuses occasions que le véritable penseur est celui qui a été désigné par le destin pour penser une seule et unique pensée, et que cette pensée porte sur l'étant dans sa totalité, c'est-à-dire sur l'existence en général.

Le philosophe considère la catastrophe de la Seconde Guerre mondiale comme la conséquence ultime de la domination de la technique, du nihilisme et de l'oubli de l'être dans le monde moderne.

Il tente d'éclaircir en quoi consiste cet « être-créé », en le distinguant de l'« être fabriqué », c'est-à-dire la simple fabrication de produits, d'objets matériels. Il fait remarquer que le mot grec *technê* exprime très bien cette similitude, puisqu'il signifie à la fois « art » et « métier ». *Technites*, terme dérivé du précédent, désigne donc aussi bien l'artiste que l'artisan. Cependant, le philosophe affirme que ces vocables sont on ne peut plus éloignés du sens actuel de « technique », « art », « artiste » et « artisan ». *Technê* ne renvoie nullement à quelque genre de réalisation pratique, mais plutôt à « un mode du savoir ».

Selon Heidegger, savoir, c'est avoir vu, au sens large de voir, qui signifie appréhender le présent en tant que tel. L'essence du savoir repose dans l'*alétheia*, dans le dévoilement de l'étant. Au travers de l'œuvre d'art, la vérité s'institue dans l'étant et, de cette façon, elle peut être reconnue comme vérité. L'œuvre d'art, un temple grec ou un tableau de Van Gogh, est l'entité qui permet à la vérité de s'instituer afin d'être reconnue.

La fabrication de produits ne sera jamais la réalisation de l'avènement de la vérité. Qu'un produit soit terminé ne signifie d'aucune façon que l'on ait institué la vérité dans l'étant en tant qu'œuvre d'art, mais que celui-ci est une matière informée prête à l'utilisation. L'être-fini du produit signifie que celui-ci est abandonné, par-delà lui-même, à son utilité. La cuillère n'acquiert son sens que lorsqu'elle devient ustensile et qu'on s'en sert pour manger, activité pour laquelle elle a été conçue. L'être-produit consiste à passer inaperçu, à être maniable et fiable.

Ce qui est essentiel dans l'œuvre d'art, c'est qu'elle soit en tant que telle, qu'elle soit elle-même en tant que temple ou tableau. On aura beau fabriquer des centaines de cuillères, aucune d'elles ne sera considérée comme une œuvre d'art. Par contre, la peinture de Van Gogh représentant les souliers est unique. À travers elle, la vérité est dévoilée, et ce qui importe, c'est qu'elle existe, non comme produit, mais comme existant. L'œuvre est un événement en soi. Ce qu'il y a de singulier, c'est « l'événement qu'elle soit ». Elle est importante parce qu'elle est ici, parce qu'elle est, et non parce qu'on peut la vendre, la photographier ou la copier indéfiniment.

L'œuvre d'art se maintient à l'intérieur d'elle-même, c'est-à-dire, avec d'autant plus de netteté qu'elle paraît diluer tous les liens qui l'unissent avec les êtres humains. Moins elle est utile, d'autant plus aisément jaillit l'impression que cette œuvre d'art se trouve dans l'ouvert, d'autant plus essentiellement se forge « l'énormité » (l'inhabituel ou le magnifique) qui émane d'elle, tandis que tout ce qui jusqu'à présent paraissait normal s'affaiblit.

L'œuvre, qui se situe dans l'ouverture de l'étant qu'elle a ouvert elle-même, nous pousse dans cette ouverture. Quand on contemple la toile de Van Gogh en elle-même, isolée de tout le reste, c'est la vérité qui nous parle et nous plonge dans « l'énormité », dans cet inhabituel qui n'a plus rien à voir avec la vie quotidienne, où les objets utiles et les intérêts sont légion. L'œuvre émerveille de par son être et sa clarté. En revanche, le monde de la technique, celui des étants fabriqués, cache la vérité. L'éclaircie de la vérité n'y a jamais cours. Au contraire, c'est l'opacité de la non-vérité qui y règne.

Grâce à cette ouverture de l'œuvre d'art, l'étant brille et prend une autre dimension. L'œuvre transforme l'étant et le dévoile, elle le place dans le domaine de l'être, puisque la vérité est essentiellement liée à l'être. La vérité aussi bien que l'être se trouvent dans l'éclaircie, exposée à la lumière.

Pour Heidegger, les philosophes des origines se sont adonnés au véritable penser, qui a ensuite été instrumentalisé et interprété à des fins de production technique. S'il y a bien une chose que l'histoire de la philosophie occidentale nous enseigne, c'est que la pensée est devenue un instrument de la science et que l'on a oublié l'essentiel : penser l'être.

De ce point de vue, le penser pur, dans son sens le plus originel, ne doit rien produire, car « la pensée agit en tant qu'elle pense ». Cet agir est le plus simple qui soit, parce qu'il concerne la relation de l'être à l'homme. Heidegger écrit que « la pensée appartient à l'Être » et « est à l'écoute de l'Être ». Lorsque la pensée s'éloigne de l'être auquel elle appartient, elle se transforme alors en « technique », cherche à produire un « effet » ou devient un « exercice scolaire » et une « entreprise culturelle », forme dégénérée de pensée qui, au lieu d'être maintenue dans sa pureté originelle, s'échappe de la sphère de l'être.

Critiqué pour avoir remis en question le concept traditionnel d'humanisme, Heidegger répond que, dans ses argumentations allant contre la pensée instrumentalisée et contre l'oubli de l'être, réside une profonde inquiétude à l'égard de « l'homme », dans son sens le plus large, inquiétude aussi immense que celle sur laquelle reposent les idéaux les plus élevés de l'humanisme. Il assure que le véritable but de l'humanisme renouvelé, ou du véritable humanisme qu'il propose, est de « veiller à ce que l'homme soit humain ».

À partir des années 1950 et jusqu'à sa mort, Heidegger nourrit une réflexion féconde et diverse, empreinte de « mysticisme » selon certains de ses admirateurs, « illogique » et « inintelligible » de l'avis de ses détracteurs. Parmi ses textes figurent des titres aussi connus que « *La question de la technique* », « *Qu'appelle-t-on penser* ? » ou « *Qu'est-ce que la philosophie* ? » ; mais aussi des ouvrages plus vastes tels que *Acheminement vers la parole* et *Sérénité*.

Heidegger commence à écrire « être » suivant une orthographe ancienne que Hölderlin employait déjà dans l'un de ses poèmes : *Seyn*, au lieu de l'actuel *Sein*. Il laisse entendre que la transcription habituelle du mot ne permet plus de comprendre, sans préjugés, la vérité de l'être qu'il recherche, de saisir ce qu'il veut exprimer chaque fois qu'il parle de l'« être ». La graphie *Seyn*, archaïque donc plus originelle, est parfaitement appropriée pour « nommer » « l'être » d'une manière différente, dans un sens plus proche de celui conçu par les premiers penseurs grecs. En français, ce *Seyn* a été traduit par « *estre* ». Dans ses derniers travaux, Heidegger écrira également le mot *Sein* barré d'une croix afin d'expliciter le fait que l'être, ainsi raturé, a besoin d'un nouveau langage pour être décrit et compris. Cette croix symbolise en outre la quaternité qui unit les hommes, les dieux, la terre et le monde dans l'avènement de l'être, ce qui est indescriptible à travers le langage humain, et tout au plus perceptible par le biais de la réflexion et du silence.

Ses derniers articles et conférences sont en grande partie fondés sur une critique de la technique et du nihilisme, d'un monde dominé par la logique la plus rationnelle, où la science prévaut sur la pensée philosophique. « *La science ne pense pas* », remarque Heidegger dans une autre de ses phrases pleines d'ambiguïté, qui, aujourd'hui encore, fait bondir ses détracteurs à cause d'une mauvaise interprétation. Le philosophe entend par là *que la science n'a qu'une dimension technique*, elle est purement rationnelle, elle est destinée à la production et non à penser l'être. Cette mission incombe à la véritable philosophie, à cette pensée future qui ne doit plus être simplement métaphysique au sens traditionnel du terme, mais « nouvelle ».

La pensée calculante a favorisé la naissance des sciences, lesquelles, selon Heidegger, n'ont rien à voir ou presque avec la méditation et la réflexion. La science vise avant tout, non pas la connaissance de l'être des étants, mais la connaissance des étants eux-mêmes et l'exploitation du monde.

Selon Heidegger, « la question fondamentale de la science et de la technique contemporaines n'est plus de savoir d'où nous pourrions encore tirer les quantités requises de combustible et de carburant », mais celle-ci : « De quelle manière pourrions-nous maîtriser et diriger ces énergies atomiques, dont l'ordre de grandeur dépasse toute imagination, et de cette façon garantir à l'humanité qu'elles ne vont pas tout d'un coup – même en dehors de tout acte de guerre – tout détruire ? » À travers cette réflexion, Heidegger fait prendre conscience des problèmes que soulèvent aujourd'hui les mouvements écologistes : quand l'homme cessera-t-il de saccager les richesses de la nature ? Pourra-t-il y parvenir sans changer sa mentalité calculatrice et prédatrice ?

Heidegger refuse catégoriquement le calcul, la technique, l'exploitation, la destruction de la nature, l'énergie atomique, le danger. Il souhaite revenir au silence et à la paix des chemins de campagne, au calme qui règne dans les hauteurs des montagnes ou au plus profond de la forêt, où, soudain, apparaît une clairière propice au repos. Sa tactique consiste à suivre la voie de la méditation, qui est à la fois ce qu'il y a de plus proche et ce qu'il y a de plus lointain. Dans *Sérénité*, il écrit : « Nous admettons les objets techniques dans notre monde quotidien et en même temps nous les laissons dehors, c'est-à-dire que nous les laissons reposer sur eux-mêmes comme des choses qui n'ont rien d'absolu, mais qui dépendent de plus haut qu'elles. » Grâce à cette attitude, par laquelle nous disons à la fois oui et non au monde technique, le philosophe pense que les choses ne se montreront plus de manière unilatérale ou du seul point de vue de la technique.

La globalisation de la technique écrase d'un seul coup la moindre tentative de la vaincre. Heidegger attend de l'homme un sursaut de conscience substantiel, possible uniquement par le biais de la méditation et du silence.

Face à un monde dominé par la faisabilité et l'efficacité, où ni les questions sur l'absolu ni la transcendance ne sont plus nécessaires parce que tout semble avoir été éclairé par la raison, Heidegger regrette le silence propice à la méditation : « Cette époque de la plus entière certitude ne peut être dépassée que par une époque de la plus simple solitude dans laquelle se préparera elle-même la disposition pour la vérité de l'estre (*Seyn*). » Dans la technique, ajoute-t-il, il n'y a plus de place pour les questions dignes d'être posées, et qui, par le seul fait qu'on les pose, illuminent la vérité d'une possible réponse. La technique ne pose pas de questions ; elle agit, produit et détruit.

L'ultime message qu'il a adressé au monde paraît après sa mort dans l'entretien qu'il avait accordé au *Spiegel*. Au cours de cette conversation avec le journaliste, il prononce l'une de ses phrases les plus célèbres : « *Seul un dieu peut encore nous sauver.* » Dans ce qui semble une prophétie, il laisse entendre que la situation du monde, dominé par la technologie et par le nihilisme et marqué par la fin de la métaphysique, est tellement catastrophique que l'homme ne sera pas capable lui-même d'assurer son « salut » et qu'il aura besoin pour cela d'une aide divine. L'être aura été sa seule et unique pensée « essentielle », le seul objet digne d'être pensé par la philosophie, tout le reste lui paraissant secondaire.

Que reste-t-il aux pauvres hommes, perdus et noyés dans l'étant ? À la fin de sa conférence « *La question de la technique* », qui se tient en 1953, Heidegger apporte une réponse : « la dévotion de la pensée ». C'est seulement si l'homme apprend à penser de nouveau qu'il pourra préparer son « salut ».

Le pronom indéfini *on* prend un sens nouveau chez Heidegger, notamment dans *Être et temps*, une forme d'existence en commun, ou plutôt « d'inexistence » vouée à l'inauthenticité et à la banalité. Il décharge *l'être-là*, responsable et qui assume une vocation personnelle singulière dans le monde.

Une nouvelle espèce humaine ?

Les effets pernicieux de la scientificité exclusivement technique sur la politique, le droit, l'enseignement scolaire et universitaire, les rapports sociaux, la famille, les relations internationales… se manifestent dans un nihilisme valoriel, style XXIe siècle, qui s'exprime dans cette déclaration de Ronald Trump, aujourd'hui président des États-Unis :

« Est vrai ce que je dis, parce que je le dis. Si ce que je dis ne reflète pas la vérité de faits passés, peu importe. Les faits viendront demain vérifier ce que j'affirme instinctivement aujourd'hui… »

En couverture du numéro du 23/3/2017 de *Time Magazine* qui publie cette interview la question suivante : « La vérité est-elle morte ? »[1].

Pour clôturer un cours universitaire, j'ai voulu consacrer une partie de la dernière séance à une synthèse, avec la coopération des étudiants. Je pose alors, à près de trente étudiants présents : Quels sont les principes, règles, normes… que vous pouvez dégager de l'ensemble de notre cours ?

Ces mots leur semblent venir d'une autre planète ! Je vois des regards indifférents, surpris, et même quelques regards de réprobation. J'essaie de clarifier. Parler de principes, règles, normes, est-ce nécessairement de la rigidité, du dogmatisme, du traditionalisme ? Tous me semblent rebelles, allergiques à une quelconque émergence de principes généraux puisés de l'expérience, des conditions du vivre ensemble. Quelques voix contestent même l'idée de généralité. Quant à l'universalité, les esprits y sont encore plus rebelles.

Pourtant durant toutes les séances du cours, je déployais les plus grands efforts pour étudier des cas, présenter et confronter des exemples controversés, exposer des alternatives, des

[1] Cité par Antoine Courban, « Le Crépuscule des élites », *L'Orient-Le Jour*, 31/3/2017, et interview avec le président Donald Trump, *Time Magazine*, 23/3/2017.

interprétations et jurisprudences divergentes ou concordantes. L'accusation tacite de dogmatisme dans la spécialité du cours et dans le caractère scientifique de mon enseignement ne pouvait effleurer leur esprit.

Les étudiants devaient probablement me caser dans un dogmatisme de source religieuse, car il m'arrive de porter un regard humain à toute considération scientifique. Il m'a fallu alors expliquer que dégager d'un enseignement un quelconque code ou des repères est une condition du lien social, qu'on soit croyant, athée, agnostique... L'humanité depuis surtout le Siècle des Lumières, la Révolution française, les chartes internationales des droits de l'Homme, les jurisprudences constitutionnelles internationales... a élaboré un corpus de normes qui sont plutôt le fruit de l'expérience, des exigences de vie commune dans une société organisée.

Je dus alors citer un ouvrage récent : *Les Droits de l'homme : une universalité menacée*[2]. Même attitude dubitative des étudiants qui ne parvenaient pas à formuler un principe, une règle, une norme..., même d'une généralité limitée. Certains commencent alors à parler, avec assurance, de diversité, coutume, spécificité, reconnaissance des différences et autres considérations à la mode.

Il m'a fallu alors citer des cas pratiques qui se posent aujourd'hui et où il s'agit de décider : le cas de la burqa des femmes (voile intégral), de l'excision des filles pour des considérations religieuses ou coutumières, des mères porteuses... Sommes-nous dans le tout permis, la libéralisation sans limites, l'anarchie, le nihilisme, la négation même du social et de ce qui fait société ?

---

2 Par Gérard Fellous, préface de Boutros Boutros Ghali, Paris, La Documentation française, 2010, p. 270.

Je ne pouvais imaginer que le relativisme culturel a atteint à ce point des jeunes auxquels je m'adresse, qui ne sont ni dans des spécialités littéraires, ni artistiques, qui sont proches du droit, de la science politique, de la gestion... Mon questionnement innocent sur des principes, règles, normes, à dégager, modestement et sans dogmatisme, d'un cours fort lié à la chose publique, a survolé une autre planète !

Ce problème valoriel n'est pas seulement libanais, mais mondial. Il est plus grave au Liban, société complexe où le leitmotiv du vivre-ensemble, qu'on répète comme un slogan, implique des conditions de légalité, de res publica, de civilité.

Dois-je être déçu, désespéré ? À la fin de la séance, trois étudiantes sont venues me dire, perturbées : Oui, nous vivons un gros problème de valeurs ! Ces jeunes, ces étudiants sont victimes d'un monde civilisé, mais qui commence à oublier les valeurs fondatrices et les acquis de la civilisation.

Fanatisme, terrorisme, endoctrinement, mobilisation conflictuelle se propagent, contrairement à une perception dominante, parmi des jeunes sans boussole, sans repère, mais au fond assoiffés de sens et auxquels des manipulateurs habiles fournissent le prêt-à-penser et à consommer.

Que faisons-nous dans les écoles, les universités, au Liban et ailleurs, pour cultiver l'esprit critique, l'esprit de liberté, mais aussi liberté régie par le droit et le lien social, pour ne pas parler de morale ni de spiritualité, ce qui susciterait davantage la contestation ou la surprise !

On s'est accoutumé (et encore) au Code de la route. Mais tout le reste ? « La vitesse de dénivellation de cette descente aux enfers de l'obscurantisme [...], les silences oratoires, les prudences de l'analyse et les blancs de l'écrit », dont parlait Marwan

Hamadé[3] ont leur source première dans l'éducation familiale, scolaire, universitaire... qui a trop appréhendé le traditionnel pour s'engouffrer sans réserve dans un relativisme culturel sauvage.

Il est de coutume dans l'enseignement universitaire, au Liban et dans des universités prestigieuses dans le monde, de chercher, analyser, critiquer, faire de l'intellectualisme et de l'érudition. Le temps est venu d'avoir l'audace de réfléchir sur les questions de sens, de référence, et de finalité.

J'ai fait la connaissance, dans un cadre universitaire, d'une nouvelle espèce humaine, issue d'une postmodernité sans norme, ni repère, ni boussole.

Un étudiant, de nationalité française, en stage dans un pays asiatique et dans un journal numérique a rédigé un rapport de stage fort bien écrit et documenté. Il relate froidement et objectivement la situation désastreuse dans ce pays, avec l'autoritarisme du pouvoir, la corruption, la pauvreté...

Comment réagit-il en tant que journaliste dans ce contexte ? Dans son Rapport écrit et présenté à la soutenance, il ne dit rien ! Je me suis dit : C'est peut-être par discrétion, par crainte de sa part qu'on ne lui reproche une subjectivité qualifiée de non académique.

Quand je lui pose alors la question : Comment avez-vous réagi en tant que journaliste dans ce contexte ? Cela a-t-il suscité en vous un questionnement ? Je ne lui ai pas dit quel questionnement. Il accueille ma question comme si elle provient d'une autre planète !

---

3 Marwan Hamadé, « Retours à l'ère glaciaire ? », *L'Orient-Le Jour Littéraire*, 1/4/2010.

Sa réponse alors est pragmatique : Il y a des sujets à ne pas aborder. Je ne les aborde pas. J'écris des papiers culturels. Le travail se déroule ainsi...

Et le culturel, c'est quoi ? Est-ce seulement pour amuser, distraire, occuper les loisirs de lecteurs ?

La réplique d'un collègue, pour expliquer et non justifier : C'est un *professionnel.* Il agit en professionnel, c'est-à-dire en technicien qui remplit une fonction qui lui a été assignée dans un contexte déterminé et préétabli. Il exécute le travail en contrepartie d'une rémunération. Le contexte technico-professionnel lui permet de sauvegarder sa carrière.

La conscience d'une personne peut être, avec le temps, endormie, polluée, pervertie. C'est différent. Dans cette nouvelle espèce humaine, c'est un être sans conscience, où la conscience est castrée, inexistante.

C'est le professionnalisme au sens technique, sans aucun questionnement sur la finalité du travail. La finalité du travail, c'est la carrière, le carriérisme individuel et individualiste. On a recherché une laïcité idiote qui refuse tout questionnement transcendant. On a recherché la compétence exclusivement technocratique, sans aucun questionnement éthique. Il en découle une autre espèce humaine, celle d'une science sans conscience.

Quel est le rôle des écoles et des universités, surtout aujourd'hui ? N'est-ce pas d'élaborer des normes, des repères, une boussole pour la vie personnelle, professionnelle et publique, dans l'inflation du savoir ?

Voilà pourquoi, il y a aujourd'hui la « *mondialisation de l'indifférence* », suivant l'expression du Pape François.

D'où provient cette nouvelle espèce humaine ? De quelles écoles, de quelles universités ? Il s'agit d'un vrai professionnel, en termes exclusifs de compétences et d'aptitudes. Vrai professionnel ? Non, un professionnel pur, aseptisé, incolore, inodore et sans saveur. Un professionnel robotique déshumanisé.

Savoir sans penser !

Un phénomène d'une ampleur sans précédent se répand aujourd'hui dans le monde et dans des milieux dits académiques, culturels et intellectuels : Savoir sans penser !

Une personne avale des informations et messages de tous bords de son téléphone portable. Un enfant auquel vous posez une question ouvre, à l'instant même, son portable ou son ordinateur et vous claque la réponse. Un conférencier présente soi-disant une communication sur un problème épineux avec tout le vocabulaire rabâché et les opinions en vogue sans que vous sentiez un questionnement, un apport personnel, une implication au moyen d'une *ré-flexion* (*sic*), ou même réaction d'une source autre que celle puisée de la poubelle des opinions.

Un thésard, formaté par des guides de méthodologie d'une scientificité exclusivement technique, vous présente une masse de données descriptives et analytiques, tout un savoir stérile, sans une seule innovation, une seule idée féconde. Le cadre dit théorique devient pour lui encadrement théorique en partant d'un savoir consacré. Or, il n'y a pas de savoir parfaitement consacré. Toute recherche nouvelle, autre que documentaire, part du fait : Je ne sais pas !

Est-ce qu'on ne pense plus ? Penser, au sens étymologique latin (*pensare*), c'est peser. L'impact de programmes amusants : « Questions pour un champion » s'est étendu à presque toute la vie dite intellectuelle et culturelle, et aussi dans les plus hauts milieux professionnels, même ceux du droit et de la justice où il faut surtout mûrir, non pour rendre justice, mais pour que la justice soit effectivement *rendue*.

Vous posez une question à celui que vous supposez qu'il écoute, il vous lance une réponse immédiate, avec certitude, et peut-être même avec mépris à votre égard, du fait d'après lui que la réponse existe toute prête, parfaitement prête pour la consommation et déjà digérée.

Nous sommes à des années-lumière de Socrate qui n'a pas du *fast food* intellectuel, ni des réponses prêtes à consommer, mais des questions, toujours un questionnement dubitatif, partout, toujours, en tout.

Bien loin aussi de Montaigne dans ses *Essais* qui compare ceux qui débitent un savoir servilement appris à un vomissement, à l'opposé, dit-il, des « abeilles qui prennent le pollen de partout et en font du miel qui est tout leur ».

Bien loin à des années-lumière de Kant qui dit : « Aie le courage de te servir de ton propre entendement. »

Le vomissement intellectuel dans des séminaires, des discours répétitifs, des mémoires et thèses insipides et des palabres politiques, dépersonnalise à la fois l'enfant et l'adulte soi-disant mûr et réfléchi. André Gide, analysant l'œuvre de Montaigne, dit : « Une personnalité, je dirai même une impersonnalité facticement et laborieusement construite, il n'y a rien à quoi Montaigne répugne davantage. »

Bien loin aussi de toute la vie et l'œuvre de Paul Valéry, centrées sur la pensée. « Il n'y a pas, dit-il, un art de penser, mais de repenser, de reprendre sa pensée. »

Le danger du savoir sans penser ? L'avènement massif dans la mondialisation d'aujourd'hui, et surtout en politique, des manipulateurs, le laminage de la démocratie, et l'avènement du populisme qui succède désormais aux idéologies lourdement argumentées d'autrefois. La démocratie est fondée d'après les pères fondateurs sur une citoyenneté informée, clairvoyante, lucide.

Autre danger : La transformation des religions et, au Liban, de refoulements communautaires, en stratégie de mobilisation et d'hégémonie nationale et régionale. Si Jésus parlait en paraboles, ce n'est pas seulement pour être simple, mais pour transmettre un message nouveau à des gens programmés et formatés par des pharisiens et docteurs de la loi, pour qu'ils pensent par eux-mêmes et autrement. Dans l'islam, nous sommes à des années-lumière du « *tafâkur* » (exercer sa pensée) qui figure plus de dix fois dans le Coran.

Le grand péché, le tragique d'Adam et d'Ève, qu'il faudra désormais appréhender à la lumière de la mondialisation d'aujourd'hui : Ils ont voulu *savoir sans penser* ! Penser à quoi ? À l'intérêt, la responsabilité, le bienfait, l'épanouissement personnel, les conséquences du savoir, son utilité pour soi et pour autrui... Adam et Ève voulaient peut-être d'abord s'amuser, satisfaire une curiosité..., mais aujourd'hui cela va bien plus loin : les barbares aujourd'hui sont savants !

Qui *pense* aujourd'hui ? Heureusement qu'il y a quelques philosophes marginaux, des journalistes en chômage ou qui risquent de perdre leur emploi avec l'extension d'une information qui n'est plus de l'information.

Heureusement qu'il y a encore quelques professeurs socratiques accoucheurs d'idées.

Heureusement surtout qu'il y a encore de la littérature qui sonde les profondeurs de l'être, de la conscience et de la vie.

Que faire ? Tout commence à l'école et à l'université, sous condition d'avoir conscience des dangers de savoir sans penser. Danger non seulement pour la personnalité de chacun et la qualité de la recherche, mais surtout pour la qualité de l'enseignement et l'avenir des démocraties, désormais laminées et menacées par le populisme.

***

La scientificité technique académique finit par transmettre un savoir irresponsable. Où en est la responsabilité sociale des universités ? Où en est le rôle de ce qu'on appelait autrefois les intellectuels ou l'intelligentsia, quand des académiques deviennent exclusivement des carriéristes, obsédés par la recherche qui se propose non le service, mais exclusivement la promotion ?

L'addiction technique émousse chez les gens les aptitudes à voir, savoir, sentir, apprendre, comprendre, vivre, être en relation avec un prochain, et non un monde virtuel abstrait.

Où va l'humanité avec des barbares qui, aujourd'hui, sont savants et emploient les plus hautes technologies pour le pouvoir, la domination, le mal avec des gants de velours ? Jacques Testart, dans *L'œuf transparent*, écrit : « J'arrête mes recherches ». « Dans un monde surdéveloppé, écrivait André Bergson, l'homme a besoin d'un supplément d'âme. »

Va-t-on vers le *nihilisme*, qui occulte les perspectives humaines, morales, spirituelles, sans cependant employer ce mot de nihilisme ? Il en découle un monde déboussolé, sans normes, sans repères, avec des logiques exclusivement techniques.

Bibliographie sélectionnée

Gérard Berry, *L'Hyperpuissance de l'informatique* (Algorithmes, données, machines, réseaux), Odile Jacob, 2017, 512 p.

Laurence Devillers, *Des robots et des hommes* (Mythes, fantasmes et réalité), Plon, 2017, 236 p.

Jean-François Dortier, « Vers l'ère des robots ? », *Sciences humaines*, n° 299, janvier 2018, p. 60-61.

Yuval Noah Harari, *Homo Deus* (Une brève histoire de l'avenir), Albin Michel, 2017, 464 p.

Jean-Gabriel Ganascia, *Le mythe de la singularité* (Faut-il craindre l'intelligence artificielle ?), Seuil, 2017, 136 p.

Stanislas Dehaene, *Le Code de la conscience*, Odile Jacob, 2014.

Boris Razon, « L'ère des machines invisibles », *Philosophie magazine*, mai 2018, p. 47-51.

« Le progrès a-t-il un avenir ? », débat à la Cité des sciences et de l'industrie, Paris, 15-26 mai 2018.

Jean-Claude Carrière, Jean Audouze et Michel Cassé, *Du nouveau dans l'invisible*, Odile Jacob, 2017.

Alain Berthoz, *La simplexité*, Odile Jacob, 2009.

« L'intelligence artificielle, promesses et menaces », *Le Courrier de l'Unesco*, juillet-septembre 2018, 72 p. (libre sur Internet).

Martin Heidegger, *Être et Temps*, 1927.

Luis Fernando Moreno, *Heidegger* (L'homme est un être qui doit assumer sa finitude), coll. « Apprendre à philosopher », Paris, RBA, 2016, 160 p.

TABLE DES AUTEURS

Odette BARBERO, Docteur en philosophie, membre du Conseil stratégique de l'ULF. Auteur de plusieurs articles philosophiques notamment pour la revue *Alkemie* (Belles-Lettres), d'ouvrages sur Descartes, de *Bacon et Descartes, deux voies de la modernité philosophique*, Coédition Université libano-française de technologie et de sciences appliquées et Éditions universitaires du Liban, Beyrouth 2016, de *Leibniz, un philosophe ludique*, Éditions universitaires de Dijon (EUD) 2018.

Jean-Claude BEAUNE, philosophe des sciences, professeur émérite à l'Université Jean-Moulin Lyon 3, président du Conseil stratégique de l'ULF. Il a notamment publié *Le vagabond et la machine*, Champ Vallon, 1983 ; *Philosophie des milieux techniques*, Champ Vallon, 1998 ; *Le balancier du monde*, Champ Vallon, 2001 ; *Engrenages. Anthropologie des milieux techniques, vol. I*, Champ Vallon, 2009 ; *Machinations, Anthropologie des milieux techniques, vol. 2*, Champ Vallon, 2013.

Antoine BOCQUET, philosophe, enseignant en CPGE, agrégé et docteur en philosophie associé au LIER-FYT (EHESS – CNRS). Auteur d'articles sur la philosophie des sciences sociales. Dernier ouvrage paru : *Portrait d'un spiritualiste en penseur social – Joseph-Marie de Gérando (1772-1842)*,

Besançon, Presses universitaires de Besançon, collection « Agon », 2016.

Dominique CHABERT, maître de conférences à la Faculté de sciences économiques et de gestion de l'Université Lyon 2, responsable du Master 1 Monnaie Banque Finance Assurance. Membre du comité de la faculté de sciences économiques et de gestion et expert auprès de l'autorité française d'évaluation (HCERES) depuis 2016. Membre du Conseil stratégique de l'ULF. Il a publié : *L'infrastructure financière européenne. Quels schémas de développement pour la future Europe des titres ?*, RB Éd. ; *Le Manuel d'économie appliquée. Au cœur des entreprises bancaires*, RB Éd., 2007 et 2014. Il est également l'auteur de plusieurs articles dont « La Monnaie. De Junon Moneta à Money Data. Peut-on se passer d'un tiers de confiance ? » et « Les écosystèmes comme leviers de compétitivité dans un régime de croissance par innovation ».

Éric GUICHARD, Philosophe et anthropologue de l'Internet, enseignant-chercheur à l'ENSSIB (École nationale supérieure des sciences de l'information et des bibliothèques), membre du laboratoire Triangle et de l'IXXI, et responsable de l'équipe Réseaux, Savoirs & Territoires de l'ENS-Ulm. Membre du Conseil stratégique de l'ULF. Il a publié de nombreux articles dont la majorité est accessible sur HAL (https://hal.archives-ouvertes.fr/search/index/?qa[authIdHal_s][]=eric-guichard) et à l'URL http://barthes.enssib.fr/articles. Les derniers ouvrages qu'il a dirigés sont *Regards croisés sur l'Internet* et *Écritures : Sur les traces de Jack Goody* (2011 et 2012, Presses de l'Enssib).

Bruno JACOMY, conservateur en chef honoraire du patrimoine, docteur en psychologie ; directeur scientifique du Musée des Confluences, à Lyon, de 2005 à 2016. Ingénieur arts et métiers (ENSAM) de formation, il a été conservateur en charge du patrimoine industriel à l'Écomusée du Creusot-Montceau (1976-1983). Il a été, de 1989 à 2005, directeur adjoint du Musée des arts et métiers à Paris. Il est l'auteur de nombreux articles sur l'histoire des techniques et des instruments scientifiques, de muséologie et de vulgarisation scientifique et technique, notamment dans l'*Encyclopædia universalis* et *Alliage*. Il a notamment publié *Une histoire des techniques* (Seuil, 1990, nouv. éd. en 2015), *L'âge du plip : chroniques de l'innovation technique* (Seuil, 2002), et a dirigé *Les collections, politique et pratiques* (Musée des Confluences, 2008).

Marwan JARKAS, docteur de l'Université de Metz en Sciences de l'ingénieur en Mécanique et Génie Mécanique. Il est actuellement Chef du département Mécanique et Énergie (ME) et enseignant à l'Université de Technologie et de Sciences appliquées Libano-Françaises (ULF).

Christopher MALONE, diplomate de métier et universitaire, travaille depuis 2010 comme administrateur invité et chercheur à l'École nationale de l'Administration publique du Québec. Membre du Conseil stratégique de l'ULF. Il a publié *Rôle et fonctions du service extérieur ; Québec, École nationale d'Administration publique*, 1989, et plusieurs textes, dans des ouvrages collectifs, sur des problèmes en théorie des relations internationales et en commerce international, publiés aux Presses de l'Université du Québec dont « Rapprocher le Canada et l'Europe, une démarche ardue », in *Un nouveau pont sur l'Atlantique*, ouvrage collectif sous la direction de Stéphane Paquin. Montréal, Presses de l'Université du Québec, 2015.

Antoine MESSARRA, membre du Conseil constitutionnel du Liban, professeur à l'Université Libanaise et à l'Université Saint-Joseph-USJ de Beyrouth. Titulaire de la Chaire Unesco d'étude comparée des religions, de la médiation et du dialogue – USJ, Membre du Conseil stratégique de l'ULF. Il a notamment publié *La culture citoyenne dans une société multicommunautaire* (Le Liban en perspective comparée), Beyrouth, Librairie Orientale, 2013 et version en arabe plus développée, Librairie Orientale, 2019. *Leçons particulières* (Souvenirs et récit de vie), Beyrouth, Librairie Orientale, 2e éd. 2015 ; *Gestion démocratique du pluralisme religieux et culturel* (Le Liban en perspective arabe et comparée), Beyrouth, Chaire Unesco d'étude comparée des religions, de la médiation et du dialogue à l'Université Saint-Joseph, Presses de l'Université Saint-Joseph, Beyrouth, 2019, en français, anglais, en arabe.

Mohamad SALHAB, chercheur en histoire des sciences, président de l'Université de technologie et de sciences appliquées Libano-Française. Il est l'auteur de nombreux articles et d'ouvrages : *La tradition scientifique, méthode et histoire* (2006), *Éducation et évolution des savoirs, une réflexion libanaise* (2007). Il a codirigé les collectifs *Universalité culturelle des sciences et des techniques* (2012), *État, rente et prédation, l'actualité de Veblen* (2016) ; *Mélanges offerts à François Dagognet. Le sens des objets* (2017).

Publications de l'ULF

Mélanges offerts à François Dagognet, le sens des objets, direction Mohamad K. SALHAB et responsabilité scientifique, Jean-Claude Beaune. Coédition Université libano-française de technologie et de sciences appliquées et Éditions universitaires du Liban, Beyrouth, 2017.

État, rente et prédation, l'actualité de Veblen, textes réunis par Mohamad K. SALHAB et Jérôme Maucourant, Beyrouth, Presse de l'IFPO, 2016.

Bacon et Descartes, deux voies de la modernité philosophique, Odette Barbero. Coédition Université libano-française de technologie et de sciences appliquées et Éditions universitaires du Liban, Beyrouth 2016.

Auguste Comte et Gaston Bachelard, regards croisés, textes réunis par Mohamad K. SALHAB et François Henn. Coédition : Université libano-française de technologie et de sciences appliquées, Université de Montpellier, Éditions universitaires du Liban, 2015.

Universalité culturelle des sciences et des techniques, textes réunis par Mohamad K. SALHAB. Éditions universitaires de Dijon (EUD) 2012.

Éducation et évolution des savoirs scientifiques, une réflexion libanaise, Mohamad K. SALHAB, Paris, L'Harmattan, 2007.

La tradition scientifique. Méthode et histoire, Mohamad K. SALHAB, Paris, L'Harmattan, 2006.

Ruptures et traditions scientifiques, Mohamad K. SALHAB, Éditions du Centre universitaire de Tripoli, 2005.

Structures éditoriales du groupe L'Harmattan

L'Harmattan Italie
Via degli Artisti, 15
10124 Torino
harmattan.italia@gmail.com

L'Harmattan Hongrie
Kossuth l. u. 14-16.
1053 Budapest
harmattan@harmattan.hu

L'Harmattan Sénégal
10 VDN en face Mermoz
BP 45034 Dakar-Fann
senharmattan@gmail.com

L'Harmattan Cameroun
TSINGA/FECAFOOT
BP 11486 Yaoundé
inkoukam@gmail.com

L'Harmattan Burkina Faso
Achille Somé – tengnule@hotmail.fr

L'Harmattan Guinée
Almamya, rue KA 028 OKB Agency
BP 3470 Conakry
harmattanguinee@yahoo.fr

L'Harmattan RDC
185, avenue Nyangwe
Commune de Lingwala – Kinshasa
matangilamusadila@yahoo.fr

L'Harmattan Congo
67, boulevard Denis-Sassou-N'Guesso
BP 2874 Brazzaville
harmattan.congo@yahoo.fr

L'Harmattan Mali
Sirakoro-Meguetana V31
Bamako
syllaka@yahoo.fr

L'Harmattan Togo
Djidjole – Lomé
Maison Amela
face EPP BATOME
ddamela@aol.com

L'Harmattan Côte d'Ivoire
Résidence Karl – Cité des Arts
Abidjan-Cocody
03 BP 1588 Abidjan
espace_harmattan.ci@hotmail.fr

L'Harmattan Algérie
22, rue Moulay-Mohamed
31000 Oran
info2@harmattan-algerie.com

L'Harmattan Maroc
5, rue Ferrane Kouicha, Talaâ Elkbira
Chrableyine, Fès-Médine
30000 Fès
harmattan.maroc@gmail.com

Nos librairies en France

Librairie internationale
16, rue des Écoles – 75005 Paris
librairie.internationale@harmattan.fr
01 40 46 79 11
www.librairieharmattan.com

Lib. sciences humaines & histoire
21, rue des Écoles – 75005 Paris
librairie.sh@harmattan.fr
01 46 34 13 71
www.librairieharmattansh.com

Librairie l'Espace Harmattan
21 bis, rue des Écoles – 75005 Paris
librairie.espace@harmattan.fr
01 43 29 49 42

Lib. Méditerranée & Moyen-Orient
7, rue des Carmes – 75005 Paris
librairie.mediterranee@harmattan.fr
01 43 29 71 15

Librairie Le Lucernaire
53, rue Notre-Dame-des-Champs – 75006 Paris
librairie@lucernaire.fr
01 42 22 67 13

www.ingramcontent.com/pod-product-compliance
Lightning Source LLC
LaVergne TN
LVHW050643051026
849532LV00002B/503